目　次

ごあいさつ

京都・市民放射能測定所は、2012年５月19日、関西初となる測定所としてスタートしました。この10年の間、測定活動と放射能汚染の実態を知らせる活動を続けることができたのは、会員のみなさま、市民のみなさまに支えていただいたからです。心から感謝させていただくとともに、今後いっそうのご支援をお願い申し上げます。

当測定所の原点は、原発事故避難者の「せっかく避難してきたのに、汚染された食品が流通してたら、避難の意味がない」という言葉です。現在も避難者の方がスタッフとして運営を担っておられますが、避難者支援の様々な取組みとつながってこれたのも、当測定所の存在意義だったと自負しています。

2021年に発行した当測定所第３号パンフに、測定活動の歩みを載せましたが、今なお放射能汚染とその危険が続いているのは明らかです。そして、当測定所の多彩な会員のみなさま、研究者のみなさまと連携し、内部被ばくの危険性や小児甲状腺がんをはじめとする健康被害の問題等について、開設記念のつどいや学習会、講演会などで取り上げてきました。その成果をこの第４号パンフ含め、４冊のパンフレットにまとめています。ぜひご一読いただければと思います。

放射性セシウム137の半減期が30年ですが、それを超えて当測定所を継続し、測定活動を続けていく決意は持っています。しかし一方で、当測定所の会員の減少と測定依頼の減少、新しいスタッフ（特に若い世代）に測定技術を継承できていないこと、市民への発信力が弱い（ウェブサイト、ブログはありますが、映像やSNS発信が弱い）ことなど、まだまだ課題を抱えているのも事実です。

当測定所の次の10年、20年を展望した時に、何をすべきかを考え、①必要な検体を確保し、積極的な測定活動を継続していくこと、②会員の方の無料測定特典を拡大し、測定依頼を拡大すること、③情報発信を強化すること（SNSで測定日誌などの情報発信、映像を活用した発信の強化など）、④学者・研究者・ジャーナリストの方や全国の測定所なかまと連携し、年間通じた学習会、講演会を計画し、会場とオンライン併用で開催すること、⑤パンフレットの発行も継続していくこと、⑥ホットスポットファインダーを活用し、ビジュアルなデータをホームページにアップすること、などを計画立てて実行していきたいと考えています。

この第４号パンフをご購入いただき、ありがとうございました。

原発安全論のウソ、福島第一原発汚染水放出の問題点、福島小児甲状腺がんの真実など、講師の方の訴えがぎゅっと詰まった内容にできたと思います。ぜひ多くの方にお読みいただき、原発事故は10年以上たっても全く終わっておらず、放射能汚染と健康被害は続いていることを、広めていただければと思います。

どうぞよろしくお願いいたします。

2022年５月

京都・市民放射能測定所

I　原発安全論を斬る

再び原発事故を起こさせないために！

於　2021年11月28日（日）ウイングス京都

プロフィール

守田敏也　（もりた　としや）

フリーライター　丹波篠山市原子力災害対策検討委員会委員

京都「被爆二世・三世の会」世話人　市民環境研究所理事

はじめに　*原発の耐震性は住宅より低い*

皆さん、こんにちは。はじめに原発安全論を斬ってしまいましょう。原発安全論のどこが間違っているか。難しいことではありません。非常に単純なのですね。

①を見てください。これは、2000年以降の主な地震が示されています。記録されている一番大きい地震は「岩手宮城内陸地震」で4022ガルです。「東日本大震災」は2933ガルです。ガルというのは揺れの加速度で、揺れの目安になるのですが、5115ガルというのは何の耐震性を示していると思いますか。いま公表されているものの中では一番耐震性の強いものです。はい。当たりです。三井ホームの住宅耐震性です。これは、実際に地震を起こす装置をつくって、その上に乗っけて60回揺らしています。

①　表1　２０００年以後の主な地震

この図を作ったのは、元福井地裁裁判長の樋口英明さんです。

それに対して一番下に700ガル、405ガルとありますが、これはご存じですよね。はい。大飯原発です。大飯原発の建設時の耐震設計、「基準地震動」というのですけれども、それが405ガルなのですよ。700ガルというのは、樋口さんが判決を出したときで、多少補強したということで700ガルになっていた。今は、確か865ガルかな。

そういうことで、日本の原発はハウスメーカーが造っている家よりも耐震性が一桁低い。10分の１以下です。これだけでもうダメでしょう。

もう少し詳しいものを持ってきました（②）。これも樋口さんが講演のときに配って下さったもので

②

表３　基準地震動の推移

	建設当時	３．１１当時	2018年3月時点
大飯３，４号機 福井県	４０５ガル	７００ガル	８５６ガル
福島第一１～６号機 福島県	２７０ガル	６００ガル	
東海第二原発 茨城県	２７０ガル	６００ガル	１００９ガル
伊方原発３号機 愛媛県	４７３ガル	５７０ガル	６５０ガル
柏崎刈羽原発１～４号機 新潟県	４５０ガル	２３００ガル	未申請

(原発はどのように壊れるか　原子力資料情報室110頁　抜粋)

すけれども、大飯３号、４号機が405ガルで、2011年３月11日震災当時は700ガルだったと。それから、2018年３月に再稼働するにあたって856ガルとなっていました。それから、福島第１～６号機はなんと270ガルです。ハウスメーカーが造っている家の耐震性よりも10分の１以下の耐震性しかない。3.11のときも600ガルしかなかった。同じように東海第２も270ガルとか、伊方原発３号機は473ガルとか、めちゃめちゃ低い耐震基準動となっています。

非常に怪しいのが、柏崎刈羽原発１～４号機です。造られたときは450ガルなのですよね。３月11日当時は2300ガル、ここだけものすごく高いのですよ。なぜだと思いますか。柏崎刈羽原発は2007年の中越沖地震で2000ガルを超える地震に直撃されたからなのです。福島の事故のようにならなかったのが奇跡というぐらい、激しく壊れたのですよね。そのため、このガル数に耐震基準動を引き上げないと運転できないから、こうしているのですけどね。本当にそれだけの耐震性があるのか極めて怪しい。この2300ガルも怪しければ、大飯３、４号機の700ガルも怪しい。

耐震設計の強度が倍になっているわけですが、根本設計を変えて造りなおさないと、そんなことは無理なのではないでしょうか。樋口さんも「建築の専門家の意見を聞いてみたいところだ」とおっしゃっていました。

一昨日（2021年11月26日）、樋口英明さんが京都の青年法律家協会（青法協）という団体にお招きを受けて話されました。「本当は誰にでもわかる原発裁判」というタイトルで、原発の裁判は難しくない

③

というお話をされました。にもかかわらず原発の問題は「専門家でないと分からない」という誤解があると。そのために実は、原告の代理人の弁護士の側も、裁判で難しい論争をし過ぎてしまっていると。でも多くの場合、難しい論争になると裁判官はお手上げになってしまうのだそうです。皆さん、この点をよく知っておいて下さいね。

なぜって裁判官はその専門家ではないしね。特に、学会の論争とかを裁判に持ってこられたら、絶対に主流派につくそうです。だって分からないから。ある意味ではそれは、学問に対する尊敬なのですよ。だから難しい論争に持ち込んではいけない。それよりも学問以前に問題として、「原発は耐震性が低すぎるから動かしてはいけない」という、当たり前の話をしようということなのです。

③は、樋口さんが広島の方から呼ばれたチラシに描いてあるイラストなのですけれども、樋口さんの家は耐震強度が3,400ガルと書かれていますね。それに対して稼働中の大飯原発が856ガルで、判決時が700ガル、建設当初は405ガルだったという。もうこれだけで「動かしてはいけない」と結論できると思いますよ。

逆に言うと「そんなにも恐ろしいものが動いている」ということを、私たちは認識して、とにかく止めることが急務です。また、止めても使用済み核燃料というものがある限り、ずっと危ない状態は続くので、一方で原子力災害対策をきちんとやらないといけないということを押さえていただきたいと思います。

1　原発で不祥事・問題が噴出中！　確実な事故対策などできない

原発の危険性は電力会社側が一番わかっている

僕はずっと原発のこと、新規制基準のことを分析してきました。そして何度も何度も、新規制基準がいかにおかしいか、それで安全確保などできるわけがないことなど、語ってきたのですけれども、この点を一番分かっているのは、実は現場の方たちなのですよ。

樋口さんから聞いた話しなのですが、樋口さんが裁判長をされた大飯原発差し止め訴訟の判決の日に、なんと関西電力の弁護士たちは来なかったのだそうです。なぜかというと、判決で負けることがはっきりと分かっていたからです。それに対して、訴えた側の住民の側は、すごくはらはらして判決の日を迎えたそうなのです。樋口さんは「電力会社の代理人のほうが危険性をはっきりと分かっている」とおっしゃいました。樋口さんはこの裁判で「危険か危険ではないかだけで判断します」と言ったので、関西電力の弁護士たちは、もうそれで負ける覚悟はしていたのだろうと。

分かりますか。向こう側は、危ないことが分かっているのですよ。分かっているし、さまざまな新規制基準で事故対処をやっても、あんまり意味がないことも分かっているのです。だから電力会社は、実は新規制基準で定められた設備をなかなか造ろうとしないのです。

柏崎刈羽原発６号機で「くい損傷」が発覚

この間、原発で不祥事が連発していることをご存じですか。現場のモラルがすごく下がっていて、次々と不祥事が起きている。その典型例がつい最近もあったのです。皆さん、知っていますか。「柏崎刈羽原発６号機でくい損傷が発覚」したと。報道で出たのは、2021年11月10日ぐらいです（④）。

細かく見ていくと、６号機の建屋の前に「６号機大物搬入建屋」という使用済み燃料を出し入れしたりするところがあります。それを支える地中12メートルのくいがあるのですが、そのうちの１本が損傷していることが分かったと。

どうして分かったのかというと、元々この建物は、そんなに耐震性を求められてはいませんでした。それ自身、おかしかったのですけどね。でも新規制基準で耐震性をより強く求めることになったので、補強工事を行うために周りを掘削したのです。そしたら実はくいが損傷していたことが分かったのです。では何時の損傷かというと、2007年中越沖地震の影響だろうと。となると2007年から14年間、ずっと分からないままだったのです。そういう状態です。

それで、⑤の左を見ると、円柱になっているので、鉄筋がたくさん入っているのですけれども、これが全部断裂していました。こっちは全部ぐにゃっと曲がっていた。このように重量物を支えているくいって、１本ダメだとバランスが崩れてしまうのですよ。だから、12本のうち11本が大丈夫だったからいいという話にならない。この点は『新潟日報』が一番詳しく報じているのですけれども（⑥）、県の技術委員会から危険性の指摘がなされている。国の技術委員会だったら言わないでしょうね。県の技術委員会の方が「地震でくいが損傷した事例は、1964年の新潟地震や1995年の兵庫県南部地震でもあったが、滅多にあることではない」「一般の建物より安全に造ると思っていた原発で損傷したのがびっくりだ」と指摘されています。

また、「６、７号機には、他にもくいを持つ構造の施設がある。中越沖地震では、くいを持つ変圧器で揺れの影響による火災が起きた」。だから「耐震

⑤

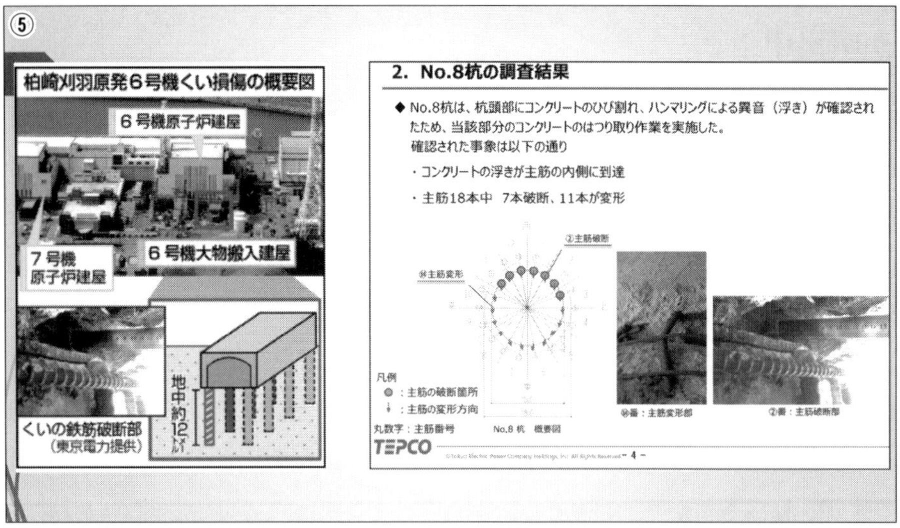

⑥

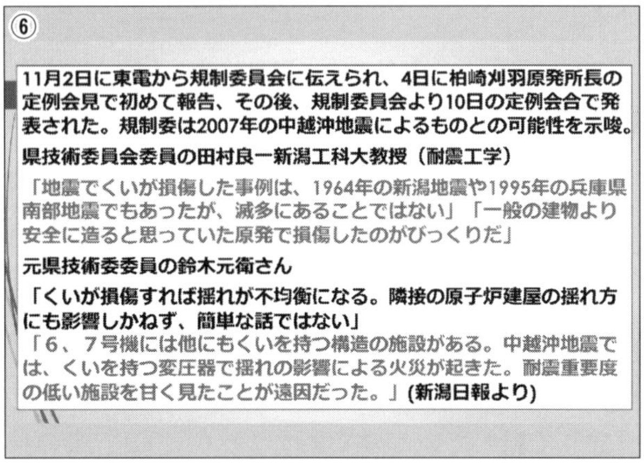
11月2日に東電から規制委員会に伝えられ、4日に柏崎刈羽原発所長の定例会見で初めて報告、その後、規制委員会より10日の定例会合で発表された。規制委は2007年の中越沖地震によるものとの可能性を示唆。

県技術委員会委員の田村良一新潟工科大教授（耐震工学）

「地震でくいが損傷した事例は、1964年の新潟地震や1995年の兵庫県南部地震でもあったが、滅多にあることではない」「一般の建物より安全に造ると思っていた原発で損傷したのがびっくりだ」

元県技術委委員の鈴木元衛さん

「くいが損傷すれば揺れが不均衡になる。隣接の原子炉建屋の揺れ方にも影響しかねず、簡単な話ではない」
「６、７号機には他にもくいを持つ構造の施設がある。中越沖地震では、くいを持つ変圧器で揺れの影響による火災が起きた。耐震重要度の低い施設を甘く見たことが遠因だった。」(新潟日報より)

重要度の低い施設を甘く見たことが遠因だった」ということで、「他の施設も点検するべきだ」という結論を述べています。

やばいから調査をしない東電と原子力規制委員会

ところが、原子力規制委員会は、「もう点検しなくていい」「他の周りを掘削することをしない」と公言してしまいました。これには理由があるのですよ。やりたくないのです。分かりますか。やったら他から絶対に損傷が出てくるからなのですよ。本当にひどい会社と規制委員会なのです。

なぜかというと、規制委員会はゴー・サインを１回出してしまったわけですよ。2017年に再稼働を許可すると出していて、この段階では2007年から10年経っていますから、10年間損傷していることを知らなかったのです。当然ながら、このゴー・サインがいかがなものかと問い直される事態です。

「くい損傷」はさっきも言ったように「周辺を掘ってみて初めて分かった」、だから「他も掘ってみたら損傷している可能性が」ということです（⑦）。東電は、原子炉は大丈夫だと言っています。なぜかというと、原子炉は岩盤の上に直接建てていると。

それに対して、さっきの大物搬入建屋というのは、岩盤の上に建っていなかったので、岩盤までこうやってくいを入れたのだと言っているのですよね。でもいろいろな説明を読んでいて、「あれっ。おかしいな。本当なのかな」と思ったので、僕は一昨日、樋口さんにお会いしたときに、２人でいろいろな資料の点検を行ったのですが、そのときにこの点をお聞きしたら、樋口さんが「守田さん、それ嘘ですよ」と言うのです。

樋口さんによると、実は原子炉が乗っているのは岩盤ではなくてコンクリートの板なのですって。岩盤はなんと200メートル底にある（⑧）。「岩盤まで届くくいを打っている」と言うのだったら、200メートルのくいを打たないといけないのです。もちろんそんなことはやっていないでしょう。だから、「他も損傷しているのではないか？　原子炉はダメなのではないか？　点検し直すべきだ」という、まずい話が次から次へと出てくるわけです。

マスコミの目をそらす東電のやり口

そのために、この発表をわざと衆院選直後にやりました。これは東電の手口なのです。10月２日に、まずは東電から規制委員会に報告したのです。そして10月４日に社長の定例会見で発表したのです。分かりますか。定例会見というのは、緊急会見ではないから記者の意識の中では重要度が低いわけですよ。

いま話題になっている汚染水問題がありますよね。あれは、2013年７月22日に発表したのです。21日は参議院選の投開票日でした。そこで民主党が惨敗して自民党が大勝ちした時だったのだけれども、

⑦

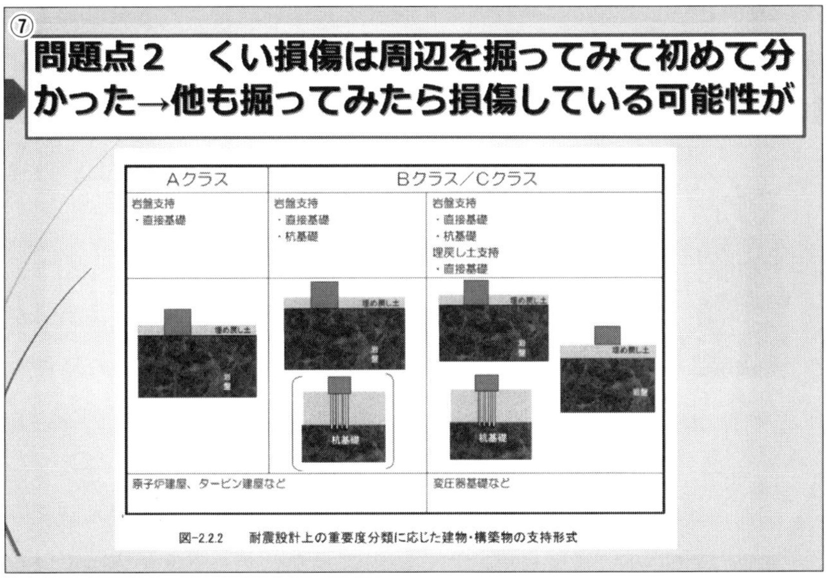

⑧

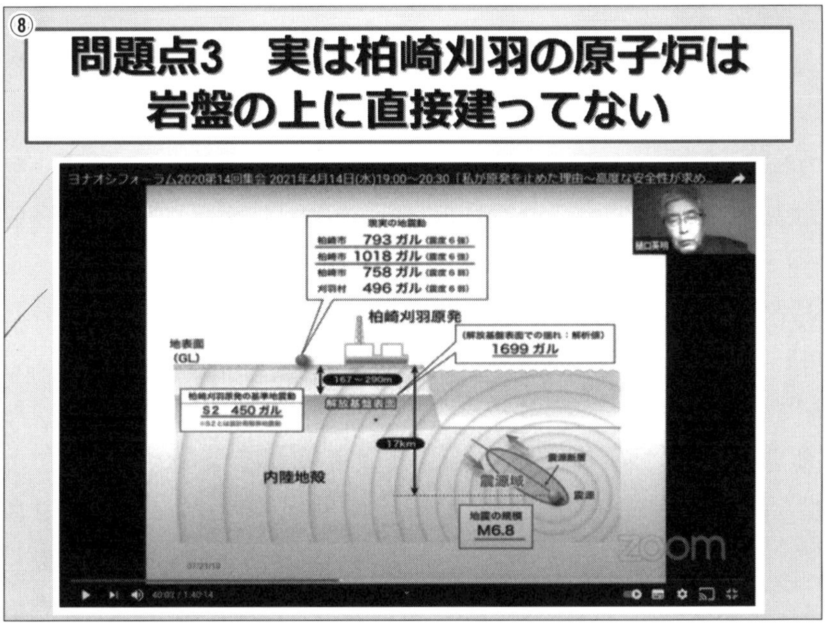

その翌日に発表しているのですよね。翌日の紙面は、全部選挙のことで埋まってました。マスコミもみんなそっちに流れるから、ここで出せばハイライトされないということで選挙翌日を選んだのです。これが東電のやり方、手口なのです。

東電はこういうことばかりに頭を使うのですよ。まずは一番話題にならないところで出した後に、今度は反転して次から次へ出し始めたのです。「放射能汚染水が海に漏れていた」と。なぜだったか分かりますか。東京オリンピック招致の直前だったのですよ。ブエノスアイレスでの会議に安倍さんが行く直前になって、東電はわざと「実は放射能汚染水が海に出ちゃいました」と言ったのですよ。だから、安倍さんは、オリンピックを招致するために「アンダー・コントロールだ」「汚染水はブロックされている」と言わざるを得なくなったわけです（⑨）。

そのことで東電は、国から対策に金を出させることを引き出しもしたわけです。完全にオリンピックを利用したのです。なおかつ、このときに「東電は本当に狡猾だな」と思ったのは、安倍さんがこの会見をした翌日、東電はなんと安倍さんの言ったことを否定したのです。安倍さんが「わずか300メートル等の港湾にブロックされています」と言ったことに対して、わざと東電は「いやいや、もう少し外に漏れています」と言ったのです。そう言えば、その分、日本政府が不利になるので、日本政府はさらに東電を庇わなければいけなくなることを計算してです。

しかもそれで多くの人が「やっぱり安倍晋三は嘘つきで、東電のほうが正直だ」と捉えてしまう。違いますよ。明らかに東電のほうがワルでした。あの安倍晋三を手玉に取っていました。東電はそういうやり方をするのです。

だから、今回もそういうやり方で来たので、これはおかしいなと思ってよく見ていたら、この４日の社長の定例会見で、「自動車の通行証の不祥事」と

⑨

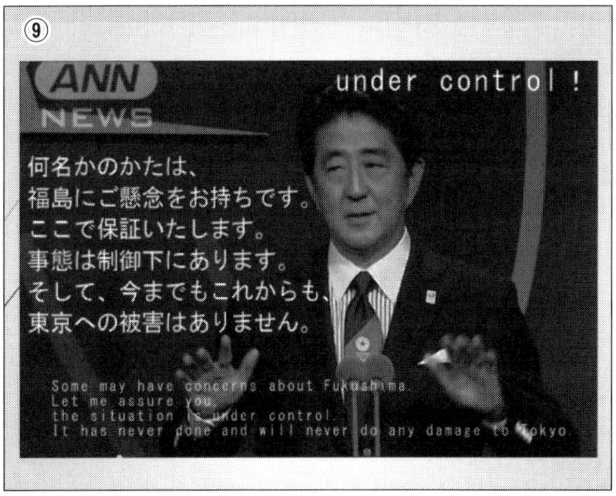

抱き合わせで、くいの損傷についての発表がなされたのです。「許可証を間違えて持った車が奥まで入ってしまった」という他の不祥事と一緒にしたのです。もちろんこれもセキュリティ上の問題なのだけれども、「許可証を間違えて入った」ことと、「くいの損傷」とどっちが重いと思いますか。圧倒的にくいの損傷のほうが重いのです。直接安全に関わることだからです。ところがこれを抱き合わせで発表したので、かなり一生懸命に記事を書いている『新潟日報』も騙されて、「車両通行証誤使用見逃す」がトップの見出しなのです。「くい損傷」は、小見出しで出てくるのです（⑩）。

そうやって、くい損傷のことを、ハイライトしないように持ってきて、10日に規制委員会が、全然根拠もないのに、他のところは見なくていいと断言したのです。それでうやむやで終わってしまったのですよね。残念ながら、これを追及するマスコミ記事は全く出ていません。完全にコントロールされてしまっているのですよね。

頻発する現場での故障放置や不正行為

ところが現場の社員は、そんなことは分かっているのですよ。もちろんくいの損傷の方が問題なことも常識的に分かっています。だけど現場はこういうことが繰り返されていることを知っているので、もはやモラルがすごく低くなっている。真剣に決めたことを守ろうとする気風が、電力会社のあっちこっちでなくなっています。そのような状態の下で問題ばかり起きているので、今は二重三重に危ないのですよ。そのことを私たちは見ておかなければいけません。

この事件を覚えていますか。2020年9月、柏崎刈羽の中央制御室に職員が他人のカードで入ってしまった事件です（⑪）。自分のカードを忘れた人が、他の人のカードで勝手に入ってしまった問題だけれども、その人が入っていくときに、カードと本人が違っているのは警備員も分かっていたのです。でもそのまま通してしまったのですよ。たぶん、そんなことはしょっちゅう起こっていたのですよ。誰もセキュリティをきちんと守ろうとしていない。

それが見えてきたので、さすがに規制委員会も「これはまずい」と思って、いろいろと調査に入ったら、次から次へとどんどん違反が発覚したのです。まずそもそもこのカードの不正使用問題が、実は規制委員会にすぐには報告されていなかった（⑫）。

どういうことかというと、不正があったのが9月20日です。原子力規制委員会が2017年に「再稼働しても良い」と言ってから、再稼働に向けた工事が始まるのですが、その工事の保安規程が、ちゃんと満たされてて、全部OKになってから、「はい、では、再稼働して良いですよ」という話になるのだけれども、それを了承する日が9月23日だったのです。そ

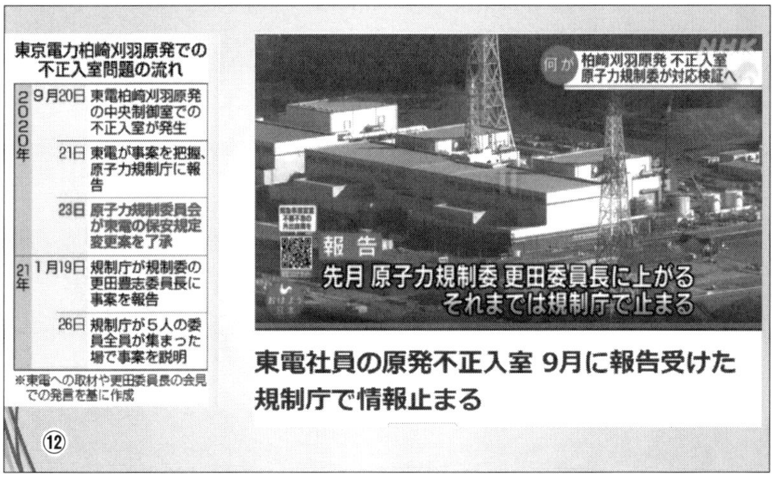

の直前の９月20日に不正使用が発覚したので、規制委員会の事務局である規制庁が規制委員会に報告しなかったのです。認可を通すためにです。このことだけでも規制委員会そのものが、きちんと規制を行えていない問題があることが分かりますよね。

侵入検知設備の故障を放置

それで、さらに調査を進めていったら、驚くべきことに、なんと2018年１月から柏崎刈羽原発の「侵入検知装置の故障が複数箇所で発生」していたのでした（⑬）。これらは「すぐに復旧できず、長期化」とされました。さらに、2020年３月からは「複数の場所で侵入検知できない恐れ。装置故障を補う代替装置に実効性がないと警備担当社員が認識していたが、改善せず」と報道されました。ようするにこれらのことも、現場の方たちは知っていたのですよ。知っていたけれども、セキュリティを全く無視して直そうとしなかったのです。

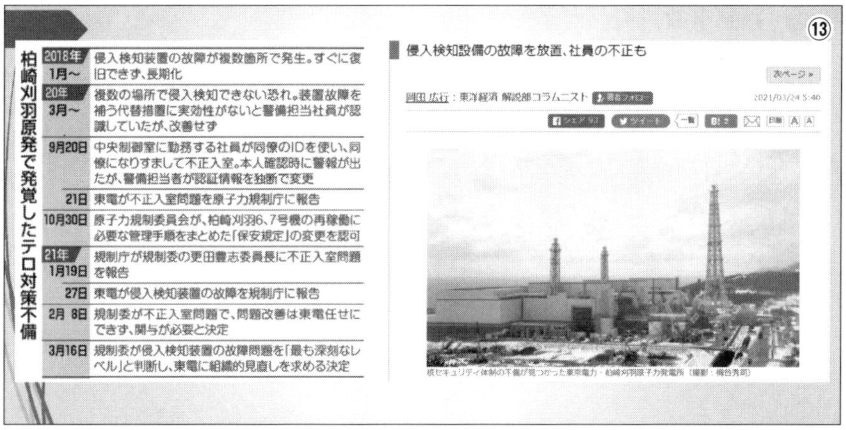

そういうことが次々と発覚し、『東洋経済』から「侵入検知設備の故障を放置、社員の不正も」という記事もでました。

それで、さすがに規制委員会は耐えられなくなってこう言いました。「知識不足によるものなのか、

あるいは、我々をなめていたのか」と（⑭）。僕は、すぐにブログ『明日に向けて』で「いや、あなたたちがなめられているんです」という記事を書きました。規制委員会がきちんと規制してきてないから、本当になめられているのですよ。

規制委員会は、もうこのままでは自分たちが規制当局として存続できなくなるので、柏崎刈羽原発に“運転禁止”命令を出しました。裁判所ではないですよ。規制委員会が出したのですよ。“運転禁止”命令というのは、具体的に言うと、核燃料を入れてはいけないということです。そういう措置をしたのです。

以上、見てきたように、なぜこんな不祥事が起こるのかというと、そもそもの規制委員会の規制がすごくおかしいからです。電力会社が「どうせ規制委員会の決めたことを破っても、また次に行けるから」と考えてきているのは明らかなのです。

「テロ対策施設」が間に合わず運転停止の矛盾

その非常に顕著な例が、美浜３号機です。2021年６月に再稼働しました。これはみんなで反対しましたよね。めちゃめちゃな老朽原発ですから。あれは45年も経っているのですよ。皆さん、45年前のジェット機に乗りますか。めちゃめちゃ怖いでしょう？

しかも美浜３号機って、一度、配管破断のものすごい事故を起こしているんですよ。だから、「どこかで一度墜落しそうなことがあった飛行機なのですけれども、今は点検して大丈夫だから、はい、乗って下さい」みたいな話で、いつ着陸するときに脚が出ないとか、どうなるか分からない。それを動かしたわけですよ。

ところが、2021年10月23日に止まりました。なんで止まったかというと「テロ対策施設が間に合わず」と。⑮の記事を見て変だと思いませんか。「テロ対策施設が間に合わず」だったら、「なんで６月に稼働したの？」と思いませんか。必要な施設がないのに稼働していた、これはおかしいでしょう。

実は「過酷事故対策」が未完成

実は、この「テロ対策施設」というのがまず嘘です。これは「特定重大事故等対処施設」といって、略して「テロ施設」と言っているのですけれども、いわゆるテロ攻撃を想定したのではないものがいっぱい入っているのです（⑯）。

その一つに「フィルタベント」があるのですが、皆さんはご存じですか。これはとても矛盾した装置なのです。というのは格納容器は普段は何の役目も果たしていないのです。では、何のためにあるのかというと、真ん中の原子炉で核分裂が起こっているわけですが、ここで何かの事故が起きたときに、原子炉の釜は小さくて発生した蒸気などを抱えこめないので、放射能を含んだ気体をこの格納容器の中に吹くのです。

⑮

それで、格納容器が放射能を閉じ込めて、事故を収束させるという建前になっているのですけれども。ところが実際には、それで事故が収束しないとどうなるのかというと、格納容器が爆発してしまうのです。そのために格納容器の中に入っている放射能を抜く装置を「ベント」というのです。

おかしいと思いませんか。もう一度言いますよ。「放射能を閉じ込める装置」が格納容器なのだけれども、その「格納容器を守るために放射能を抜く装置」なのですよ。だから、これを設計させられた元東電の後藤政志さんは、「格納容器の自殺装置」と呼びました。まさにそうです。本当はあってはいけないのです。放射能を閉じ込めるための装置を守る

⑯
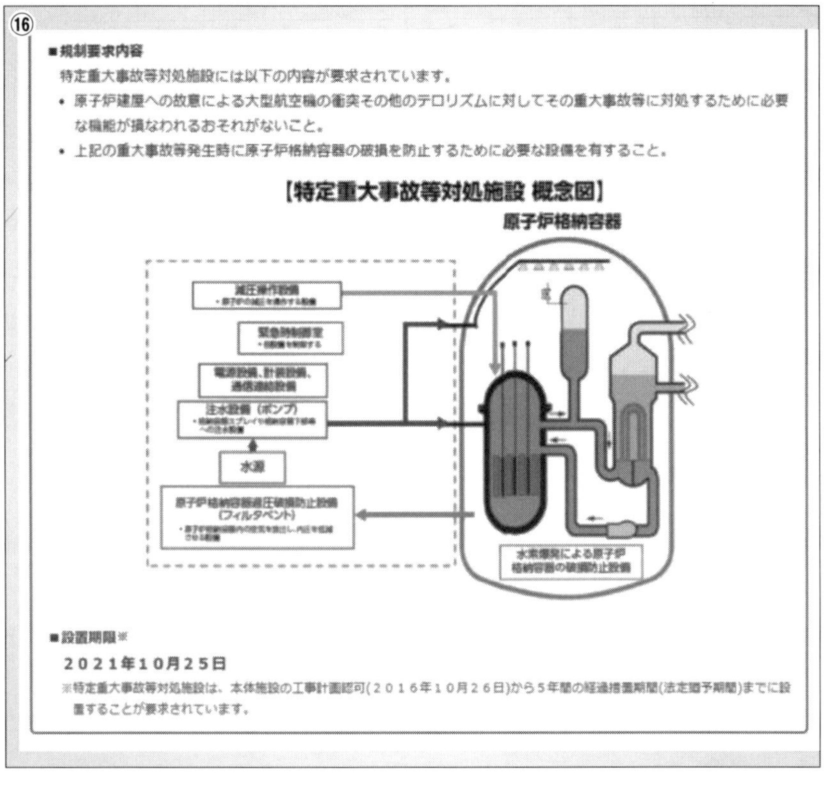
■規制要求内容

特定重大事故等対処施設には以下の内容が要求されています。

- 原子炉建屋への故意による大型航空機の衝突その他のテロリズムに対してその重大事故等に対処するために必要な機能が損なわれるおそれがないこと。
- 上記の重大事故等発生時に原子炉格納容器の破損を防止するために必要な設備を有すること。

■設置期限※

２０２１年１０月２５日

※特定重大事故等対処施設は、本体施設の工事計画認可（２０１６年１０月２６日）から５年間の経過措置期間（法定猶予期間）までに設置することが要求されています。

ために放射能を吹くなんて矛盾もいいところです。要するに格納容器は、放射能を閉じ込める装置として完成してないのですよ。だから、元々「ベント」があること自身で、もう原発はアウトなんだけれども、福島原発事故後は、同じタイプの沸騰水型はもちろん、加圧水型にもベントをつけろということになっているのです。だから、これは、「テロ対策」ではないのですよ。「重大事故対策」です。

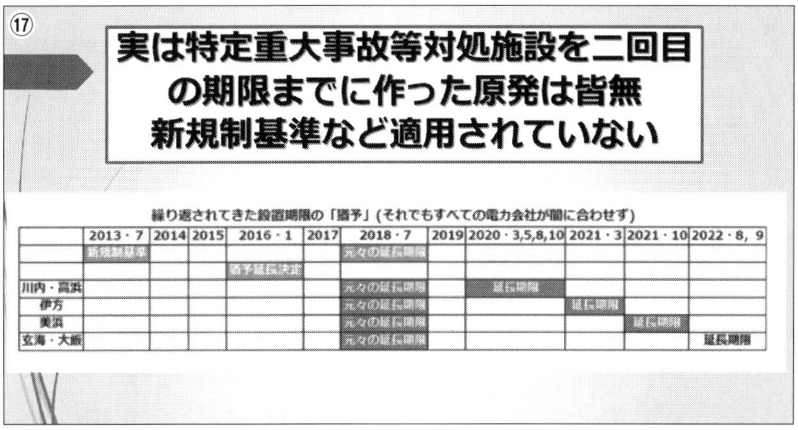

	2013・7	2014	2015	2016・1	2017	2018・7	2019	2020・3,5,8,10	2021・3	2021・10	2022・8, 9
	新規制基準					元々の延長期限					
				猶予延長決定							
川内・高浜						元々の延長期限		延長期限			
伊方						元々の延長期限			延長期限		
美浜						元々の延長期限				延長期限	
玄海・大飯						元々の延長期限					延長期限

いちいち言葉が嘘なので説明しなくてはなりませんが、「重大事故対策」というのも本当は「過酷事故対策」です。「過酷事故」というのは、英語で言うと“severe accident”で、何で言葉が変えられているのかというと、「過酷事故」の定義というのは、「想定外の事故」なのですよ。誰の想定外のなのかというと、設計士さんです。設計士さんは、事故が起こったときの安全装置を必ず造ります。その安全装置がすべて突破されたのが「過酷事故」なのです。

「必要な施設」がなくても再稼働OK？

その「過酷事故」に対処する装置を造るって、まずこれ自身、論理矛盾なのですよ。だって「想定外の事故」なのだから、何が起こるか分からない。だから、「想定外の事故を想定して造っている装置」でそれ自身がおかしい。さらには、それに上乗せして「テロにも対策しましょう」と言って、「特定重大事故等対処施設」と言っているのだけれども、それぞれの電力会社が、これをなかなか造らないのです（⑰）。

新規制基準が作られたのは2013年７月なのです。そのとき、加圧水型原発に限ってはこの「ベント」だとか、「特定重大事故等対処施設」とかをすぐに造らなくて良い。５年間猶予すると言ったのです。まずこれがおかしいですよね。必要だと分かった安全装置だったら、なぜ５年間も猶予を与えるの？　なぜその５年間の間に重大事故が起きないと保証できるの？　もちろんそんな保証は何もないです。

もっと言えば、「テロ対策施設」がまだ「ない」「ない」と公言しているのって、これで何の「テロ対策」なのでしょうね。本当にテロをやろうとする人がいたとしたら、対策ができる前にやりますよね。

ところが、電力会社が全然造ろうとしていないことが分かったので、規制委員会は2016年１月になって「猶予を与える」と言いだした。だから、本当は2018年７月が期限だったのです。川内・高浜、伊方、美浜、玄海・大飯、これは全部2018年７月に元々の期限が切れたのです。だから、この段階でもう動かしてはいけないのです。いや５年の猶予そのものもおかしいです。

ところがこの2016年に、どうしたのかというと、

⑲
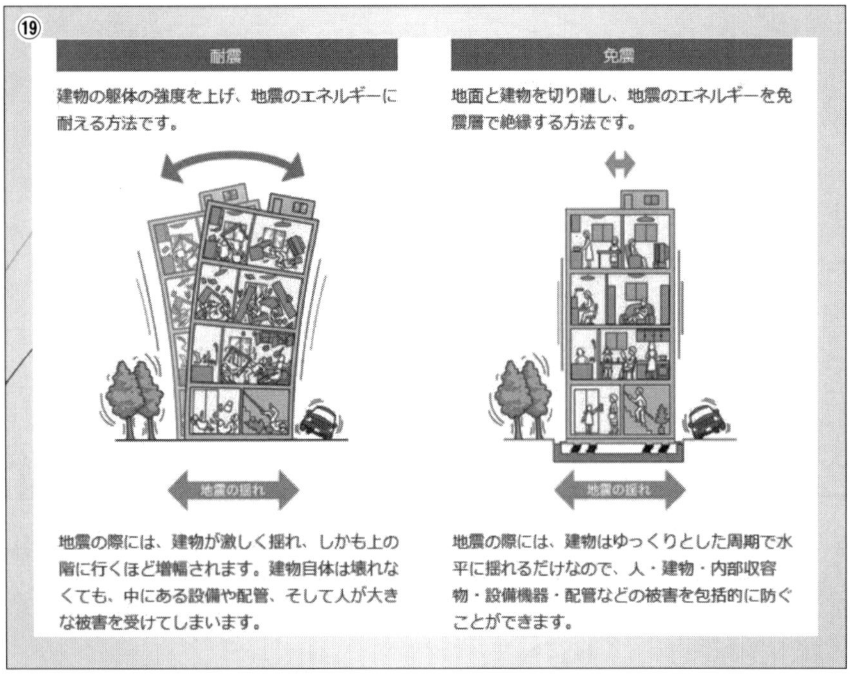

「その設備を造ることを申請してから５年間」に延ばしたのです。これまた酷いことですが、ところがそれも電力会社は期限を守らなかったのです。それで、川内・高浜はいったん2020年の３月、５月、８月、10月に止まったのです。

伊方が2021年３月に止まりました。再稼働しようとしていたのが10月で、そこで不祥事が起こって、だけど裁判では残念ながら止められなくて、12月２日には再稼働しようとしていて、非常に危険な状態にあります。

さらに美浜です。美浜も2021年10月期限が切れたのですよ。ひどいと思いませんか。「2011年の事故の教訓を生かした」と言って設置を義務付けた設備が、10年経ってできていないのですよ。その設備を造っていないで、それで美浜３号を動かしたのです。

それ自身ものすごくひどい話です。規制委員会の規制のあり方はひどすぎます。でも電力会社はもっとひどくて、これを造ってもあんまり意味がないと思っているから、ちゃんと造らない。ぎりぎりまで造らない。期限が切れてから突貫工事で造るわけです。わりと短い期間でできているので、かなり手抜きで造っていると思いますね。

さらにひどいのは「免震重要棟」というのを、新規制基準の下で造ると約束していたのに、九州電力は新規制基準を通ってから「造らない」と言いだしたのです。にもかかわらず、それを規制委員会が許してしまった（⑱）。

「免震重要棟」とはどういうものかというと、まず「耐震性」と「免震性」の違いを知って下さい（⑲）。「耐震性」というのは、ものすごい揺れがあっても倒れないことをいいます。それに対して「免震性」というのは、揺れそのものを吸収する装置をつけていて、ものすごい揺れがあっても、その中で仕事ができる建物です。

これが実際にどこで活躍したのかというと、福島原発にあったのです。しかもあの事故のわずか６か月前にできていたのです。誰が造らせたのかというと、当時の新潟県知事だった泉田さんです。泉田さんが柏崎刈羽原発で、さっきの触れた中越沖地震の時の経験から「免震重要棟が必要だ」と東電に強く言って、それで東電はしぶしぶ造っていたので、福島原発事故の６か月前にできていたのです。

事故対応のテレビ会議とかをよく見たでしょう。吉田所長がわあわあ言っていた、あのシーンは全部ここで撮られていたのです（⑳）。「免震重要棟」がなければ、これはあり得なかったのです。そういう教訓がありながら、なお造らないのですよ。なんでか。すごく金がかかるから。もう本当にモラルが崩壊しています。深刻な事故など止めるつもりはない

⑳

と思います。

「火山噴火の10年前に予知」の大嘘

さらに、誰にも分かる大嘘もついています。九州には日本の中でも非常に大きな、恐ろしい、破壊的な影響力を持っている活火山がいっぱいあるのですよね。例えば、阿蘇山とか。それでそれぞれのカルデラから大噴火が起こった時のことを歴史的に調べてみると、川内原発があるところに火砕流が来たことがあるのです。だから、「もしも大きな噴火が起こったら、川内原発は火砕流でやられてしまうのではないか。これに対してどうするのだ」ということになったわけです。

それに対して九州電力が言ったのは、「そういう大きな噴火は、大体10年前には兆候が分かるので、そうしたら核燃料を降ろします」と言ったのです。なんで10年と言ったか分かりますか。これは原発で運転し終わった後の核燃料は、放射線量が高すぎて５年間は動かせないからです。燃料プールに沈めておかなくてはならない。「燃料プール、なんであんな危ないところに置いておくの？」と思いますよね。だけど、放射線量が高すぎるから動かせないのですよ。プールの水は冷やしているだけではないのです。水は放射線の最も有効なシールドなのです。

運転が終わった直後の段階で、使用済み核燃料を水から出すと、周辺の人は全員死にます。５年間は入れておかなければいけない。だから５年以上前に分かると言わないと、降ろす事ができないから「10年前」と言ったのですが、そんなのはもちろん大嘘ですよ。

そのときに、火山噴火予知連絡会という火山の学会の方で、藤井会長が「規制委の火山リスク認識には誤りがある」と必死になって言いました。僕が知る限り、学術会議の学会で、安倍政権に一番初めに明確に逆らったのはこの方たちです（㉑）。

㉑

御嶽山の噴火って覚えていますか。あのときにたくさんの方が亡くなりましたよね。あのとき「火山予知連とか言いながら、なんで噴火を予知できなかったんだ」と、この方たちはものすごくバッシングを受けたのですよ。それに対して「だから、私たちはずっと言ってきた。予知は簡単にはできない」「前日でも分からないことがある。それが火山なのだ」とこの方たちは言いました。「だから、皆さん、いつ爆発が起こるか分からないことを知って生活してください」と、必死で言い続けている人たちなのです。

それなのに、大噴火は10年前に分かるなんて言われた日には、誰も火山に備えなくなってしまうので、この方たちは死活をかけて、そういう声明を出したのです。ちなみに、火山学会は44人しかいないのかな。崩壊学級とかいわれているそうです。これだけ火山の多い国でひどいと思いませんか。昔、ポンペイのヴェスヴィオ火山の大噴火があったイタリアは400人だそうですよ。日本がいかにさまざまな災害対策を疎かにしているかが分かりますね。いずれにしても、九州電力が言っていることは、本当に噴飯物の嘘八百なのです。それを規制委員会が認めてしまっている。全然規制などしてないのです。

規制委の決定を覆す判決が次々と

そういうことがあるので、実は裁判で次々と規制委員会の決定を覆す裁判が出ています。2020年12月に大阪地裁で大飯３号、４号機を電力会社に対して止めろというのではなくて、規制委員会が設置を許可したこと自身が間違っているから、それを取り消せという判決がでました（㉒）。「耐震性が国の安全基準に合致していないので取り消しなさい」という踏み込んだ判決です。

2021年３月には、水戸地裁で「避難計画が全然できていないではないか」と。だから、「東海第二原発は動かしてはいけない」という判決が出ています（㉓）。どんどん裁判でも規制委員会そのものがおかしいということに踏み込んできているので、ぜひそのことを知って下さい。

㉔
伊方原発で当直中、元社員が無断でガソリンスタンドへ…内部通報で発覚

2021/07/04 05:53

この記事をスクラップする

四国電力は２日、伊方原子力発電所（愛媛県伊方町）で、５０歳代の男性の元社員が、当直勤務中に無断で外出したため、同社が保安規定で定める緊急時対応要員数（原発内２２人以上）を一時的に満たしていない時間があったと発表した。

四国電力・伊方原子力発電所（左から３号機、１号機、２号機）

四電によると、元社員の無断外出は、２０１７年３月～１９年２月の５回で、いずれも午前中で最大２時間。近くのガソリンスタンドで給油するため抜け出していたという。今年６月に匿名の内部通報で無断外出が発覚し、四電が２日、「保安規定不適合」として県に報告した。

元社員は、社有車用のガソリン（約３８万円相当）を横領したとして、昨年５月に懲戒休職（６か月）の処分を受け、今年１月に依願退職した。

伊方原発では当直中に無断外出

そんな状態で動かされているのですね。さらに伊方原発であったことは知っていますか。何かの非常時に23人いなければいけないそうです。「そもそも23人かよ」というふうに思いましたけれども、その23人の中の１人が、しょっちゅう無断で外出していたのです。何をしていたのかというと、自分の車を持っていって、四電のカードで自分の車にガソリンを入れていたのだそうです（㉔）。

この方は解雇されましたが、その方が緊急時にいなければいけないメンバーになっているときに、数えられているだけで５回、それ以外にも勤務中に20何回も原発の外にあるスタンドに行っていたなんて、周りの人が、知らなかったわけがないですよ。恒常的にやられていたことですよ。しかも、５回とか23回とか言っているけれども、おそらくはもっとたくさんあって、こんなのは、どうしてもバレてしまって隠せないものだけを数えているに違いないのですよね。

現場の方たちのモラルはもう本当に低下しきっています。重大事故対策なんて、やっても無駄だと思っているし、なおかつ、不正が繰り返され、嘘が繰り返され、それがまかり通るのがどんどん恒常化しているときに、自分だけモラルを保つのが馬鹿馬鹿しくなるのでしょうね。だから、会社のお金で自分の自家用車に何度もガソリンを入れたりしていた。

規制委員会をなめきる東電と現場のモラル低下

つまり「電力会社は特定重大事故等対処施設では過酷事故が防げないことを知っている」。だから、「徹底して造る時期を遅らせたり手抜きしたりしてきた」。「規制委員会をなめきっているが、その半分以上の責任はきちんと規制しない委員会にもある」。

「これらが現場のモラル低下、『不祥事』『規律違反』の頻発に直結している」のです。

福島原発事故、それでも途中で３つぐらいの奇跡的な幸運が重なって止まった事故です。でもまあ「幸運」と言ってはいけないですね。被害を受けた方がいっぱいいるから。でも奇跡が重ならなければ、東日本は壊滅だったのですよ（㉕）。

「近藤シナリオ」を知っておられますか。政府の原子力安全委員会の近藤委員長が出したもので、最悪だったら170km圏が強制移住、250km圏が任意移転の範囲になるというシナリオだった。吉田所長は、「チェルノブイリどころではない。我々のイメージでは、東日本壊滅だと思いました」と言っています。

ちなみに、吉田所長はがんで亡くなっていますよね。あのときに一緒だった同僚は、ほぼ全員死んでいるそうです。明確な被曝労働ですよね。戦艦で言えば吉田所長は艦長ですよね。その艦長ががんで亡くなっているわけですから、現場の方はどうなっているでしょうか。ものすごい被曝があったのは間違いないですよね。

いずれにせよ、東日本が壊滅したかも知れない状況だった。だから「原発は一つのサイトで日本の半分を壊滅させうる。現存する最も大きな脅威！」であると認識しなければいけないのです（㉖）。このことを私たちはしっかりと押さえないといけません。あえて言いますが、コロナだって恐ろしい病気ですが、コロナで日本は壊滅しません。原発は本当に日本を壊滅させます。しかも福島原発事故で既に放射能はいっぱい出ていて、ものすごい被曝が既に起きているわけですよね。それに対して向き合っていくことが一番大事だと思います。

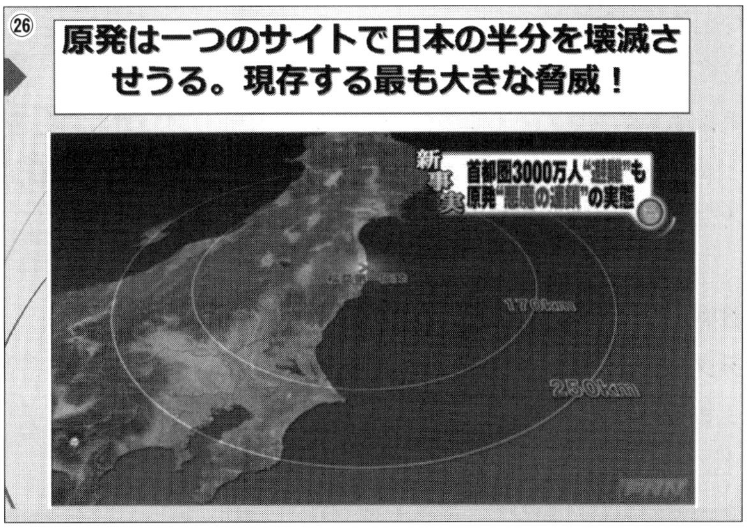

2　放射線被曝影響の徹底した過少評価

再び過酷事故が起こりうることは既に想定されている

次に行きましょう。「再び過酷事故が起こりうることや、膨大な核廃棄物を人々に押し付けるために、放射線被曝影響の徹底した過小評価による被曝の強制が強められている！被曝強制に抗おう！」ということです。これはどういうことか。

今僕が言ったことは、実は全部向こう側は知っています。電力会社も、それから、規制委員会も、あるいは、政府のどれぐらいの方が知っているか分からないけれども、原子力を進める方たちはこのことを知っています。僕よりももっとリアルに知っているでしょう。僕が知らないこともいっぱい知っているでしょう。

その中で、実は次の事故

が起こることも想定して、多くの人を被曝に慣れさせているというか、被曝とより共存させていくことが、今どんどん始まっているんです。そのことを次にお話ししたいと思います。

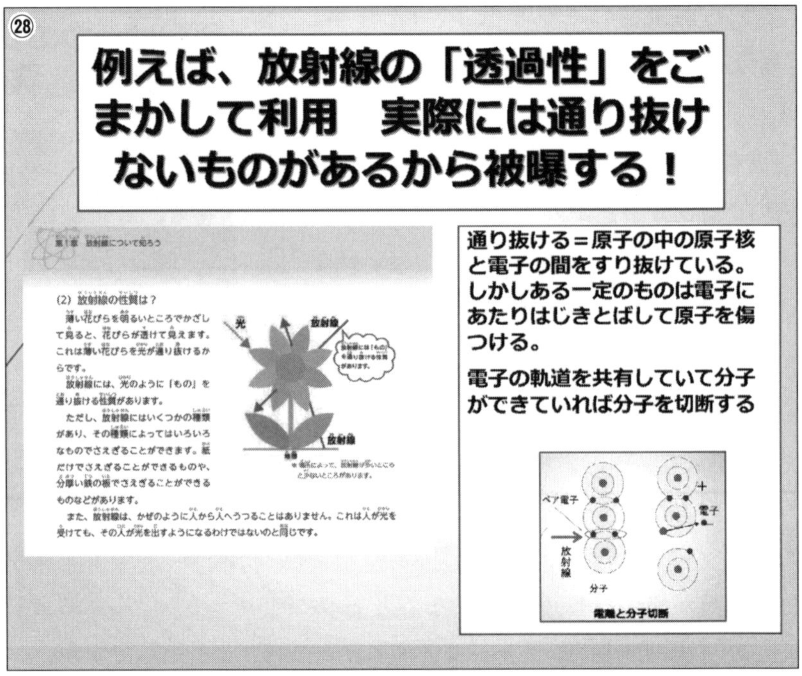

被曝との共存狙う『放射線副読本』のテクニック

まずその１つが『放射線副読本』です。皆さん、これは読まれましたか。文科省が出したもので、今日も持ってきていますけれども、これを読み解く、『放射線副読本　すっきり読み解きBOOK』というものを持ってきました（㉗）。

そもそもなんで『読み解きBOOK』を作ろうと思ったのかというと、『放射線副読本』の特徴って、読むと「もやもや」するんですよね。多くの人がそう言います。何かおかしい、どこか間違っていると思うのだけれども、読んでいても間違いがあまり見つからないと。実は、肝心なことを書かないことが戦略、テクニックで、反論しにくく作ってあるのです。

要するに、被曝の危険性は何も書かずに、それで「放射線は生活のいろんなところで役立っています」とか、そういうことばっかり書く。そのことでイメージとして、多くの人に放射線は友達だと思わせていくという明確な意図を持って書かれた悪質な本です。

例えば、「放射線というのは花びらを光が通り抜ける光と同じだ」という。放射線には通り抜ける性質があると言っているのです。確かに、放射線は通り抜ける性質もあります。だけど、すべて通り抜けたら何の問題もないでしょう？　放射線は通り抜けないものがあって、被曝するから問題なのであって、通り抜けるものと通り抜けないものがあるから、レントゲンとか撮れるわけですよね。レントゲンを撮るときには、通り抜けないもので被曝しているわけですよね。それを書かないのですよ（㉘）。

都合の悪いことは隠すのが戦略

㉙の写真を見てください。これは広島・長崎の原爆で攻撃された後の姿なのです。といっても、もうかなり整理されている姿でしょう。これはどこにある写真かというと、アメリカのニューメキシコ州にニュークリア・サイエンス・ミュージアムという名前のミュージアム（注・国立原子力博物館　National Museum of Nuclear Science & History）があって、僕はジェノサイド・ミュージアムだと思ったけれども、そこで広島・長崎のことが展示されているのですよ。でもそこには被爆者の写真が１枚も

ないのです。被爆の惨状を伝える写真は一切アメリカ人に見せないで、その後に整然とされた広島の姿を見せているだけなのです。都合の悪いことは一切教えない、これがテクニックなのです。

山下俊一がつないだナガサキとフクシマ

㉚の方は、永井隆さんといいます。「長崎の聖人」と言われていて、長崎の原爆資料館に永井隆博士をまつっているコーナーがあって、そこから僕が撮ってきた写真です。どういう方なのかというと、カソリックで家が浦上です。その浦上に原爆が落とされたのですよね。彼はその浦上の住民で、なおかつ放射線科の技師だったのです。

その彼が戦後に言ったことが、長崎を大きく規定しました。その言葉がこれなのです。読みますよ。「嗚呼、世界大戦争の闇、将に終わらんとし平和の光りさし始めたる八月九日、この天主堂の大前に立

てられたる大いなる燔祭《はんさい》よ」、「燔祭」というのは犠牲に供することです。「悲しみのうちにも私共はそれを美しきもの、潔きもの、尊きものよと仰ぎ見たのでございます、浦上教会が世界中よりえらばれ燔祭に供せられたことを感謝しましょう」（被爆後の合同葬での弔辞より）と。

「原爆に見舞われて私たちは幸せであった。浦上住民の信仰の一途さを見よ。天主堂に存する御聖体の下、隣人互いに助け合って快く苦難の道を歩みつづける姿は、外観は貧苦であるが、幸福に満ちているのである」と。びっくりでしょう？　こういうことをこの方は言われたのですよね。

要するに、「原爆は第２次世界大戦を終わらせるために、神が浦上を選んで落とした」のだと。「だから私たちは選ばれた民である」と。それを「喜びましょう。決して怒ってはいけない」と（㉛）。実際に長崎の浦上には当時１万２千人ぐらいのカソリックの信者がおられて、原爆で８千人亡くなっているのですよね。そして残った方たちが沈黙を強いられた。そのために、「怒りの広島、祈りの長崎」という言葉があるのです。

この永井隆の信奉者の方が、福島にかかわられたのです。分かりますか。山下俊一さんです（㉜）。山下俊一さんというのは、この永井博士のすごい信奉者で、こんなことを言っているのですよ。「これから福島という名詞は世界中に知れ渡ります。福島、福島、福島、何でも福島。これは凄いですよ。もう、広島・長崎は負けた。福島の名前の方が世界に冠たる輝きを持ちます。ピンチはチャンス。最大のチャンスです。何もしないのに福島、有名になっちゃったぞ。これを使わん手はない」と。これは、めちゃくちゃひどいですね。さらに、「健康影響は微々たるものだと言えます。一般の住民に対する不安はありません」と。嘘ですよ！

「大人は二十歳を過ぎると放射線の感受性は殆どありません」、これも嘘ですね。「大人は放射線に対して感受性は殆どないということをまず覚えてください。放射線の影響は、実はニコニコ笑っている人には来ません。クヨクヨしている人に来ます。これ

は明確な動物実験でもわかっています」と。こんな動物実験をやったのか。動物がクヨクヨしているかどうか分かるのか。まあ噴飯物ですけれども、このことを言うことによって被曝影響をすごく軽く見せる。被曝に対する怒りを持たせないようにする。まさにこれは、永井博士がやったのと同じ行為なのです。

この方は、他にも結構いろんな嘘をついてます。「１mSvの放射線を浴びると皆様方の細胞の遺伝子の１個に傷が付きます」と（㉝）。これもとんでもない嘘で、正確に言うと、「人体にあるすべての細胞に１つの傷が付く」といわれているのです。ということは、人間の細胞というのは37兆から60兆あるので、この評価は37兆から60兆分の１なのですよ。これを裁判で追及されたときに、本人は言いました。「ああ、私確かに過小評価しちゃいましたね。37兆分の１に言ってしまいました」と。しれっと言っています。何というか、詐欺師ってそうなのですね。確信犯ですよ。言い間違えたのではない。

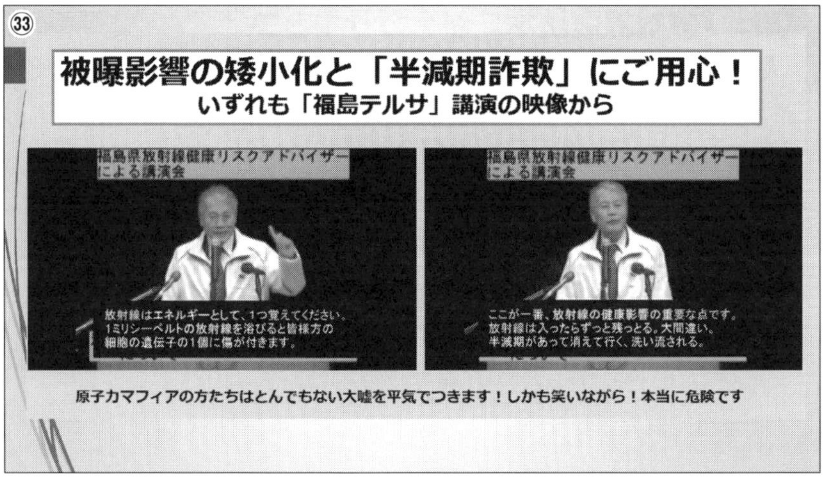

『放射線副読本』と「イノベーション・コースト構想」

問題は、この方の一番の弟子が高村昇という方であることです。ご存じでしょうか。高村昇という人が書いたのが『放射線副読本』なのです（㉞）。そういうふうにつながっています。そして、この高村昇が今盛んに行っているのが「放射線災害復興学」という学問です。どういう学問なのかというと、次の核事故を想定して、そのときに、そこにいる人々を逃がさない。その放射能の下で暮らしていくことを、目指すものです。

いろんなプログラムがあるのですけれども、「放射能から社会と子どもを護る」と書いてあります。「放射能から社会と子どもを護る」と言いながら、

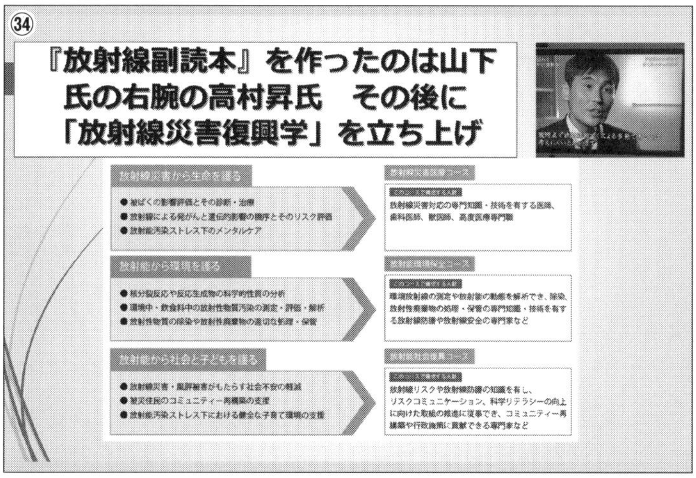

一番初めに挙がっているのは「放射線災害・風評被害がもたらす社会不安の軽減」となっています。被曝なんて危険ではないのに、風評被害によって危険性が煽られているのだという言い方です。

さらに「放射能汚染ストレス下における健全な子育て環境の支援」ということを言っていて、まあ書いているとおりですよね。放射能汚染ストレス下で育児をさせようとしているわけですね。そういう「学問」がまかり通っています。

さらにこれとくっつく形で、今「福島イノベーション・コースト構想」というものが進んでいます。「コースト」というのは、福島の浜通りです。福島原発事故で最も被曝したところです（㉟）。

ここには、もう多くの住民の方が、特に若い方は帰ってこないわけですよ。特に子育て世代をしている方は、10年経って、子どもはもう別の生活もできているし、なかなか住民が戻ってこないということで、実は数年前から明確に方向をチェンジしたのです。どうチェンジしたのかというと、ここに核産業をどんどん誘致し始めたのです。

例えばロボット産業です。ロボットって、産業としてはすごくおいしいのです。なぜかというと福島原発事故にたくさんのロボットを投入しているでしょう。あれがほとんど帰ってきていないのは知っていますか。放射線値が高いから必ず壊れるのですよ。なので、あのロボットって壊れるまで使うという形で使っているのです。だから何台でも開発して、いくらでも投入することができるのですよね。

最近になって作られたのは、デブリをつかむアームです。デブリって、10年経って、まだ1ミリ未満しか削ることができていない。だから反対にいろんなものが投入できる、それでそういう産業をどんどん呼び込んで、さらになんとゲノム解析をしていく産業とか、遺伝子組み換えのいろんなものを作る会社とか、そういう産業が呼び込まれています。これをやっているのが、「ハンフォード（Hanford）」という町を造った人たちなのです。

プルトニウム生産炉のあるハンフォードという町

皆さん、「ハンフォード」って知っていますか（㊱㊲）。ここにあったのは原子炉ですけれども、発電用ではありません。プルトニウムをつくるための原

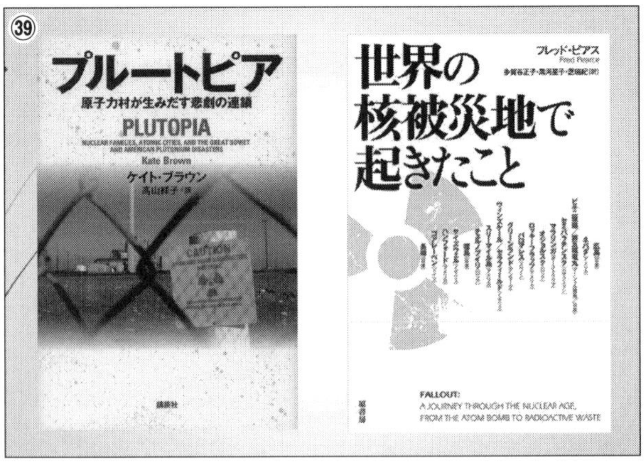

子炉で、アメリカでは「プルトニウム生産炉」と呼ばれています。長崎に投下した原爆のプルトニウムを造ったところです。さらには、全米の核弾頭の３分の２のプルトニウムを造っています。すぐそばにあるのがコロンビア川ですが、全米で一番汚染された川だと言われていて、放射能汚染がすごいのですよね。

㊳を見てください。今ではドラム缶に入れて厳重管理するような放射性廃棄物を、こうやって段ボールに入れて、側溝を掘って捨てていたのです。僕も実際にここに見学に行きました。さらにこの地域だけではなくて、いろいろなアメリカの核産業のあるところへ行きましたけれども、これだけいろいろ原発のことをやってきたはずの僕が、唖然とするぐらいに、もうめちゃめちゃに核廃棄物が捨てられていました。ちょっと想像を絶したというか。

例えば、石油を掘るときに、インジェクション・ウエル（injection well）というのが使われるのです。“injection” って「注射」ですよね。上から穴を掘っていって、そこから圧力を加えて、そのことによって石油を吹き出させる方法なのです。それで石油が吹き出すと、インジェクション・ウエルはもう意味がなくなってしまうのです。そのインジェクション・ウエルに核廃棄物を詰めてしまう。

そのようなことが、もうあっちこっちで行われていて、アメリカって、どこでどんな核廃棄物が捨てられているか分からないのすよ。

ここを見学したときに、ニューヨークに住んでいる日本人のアーティストと一緒に歩いたのですけれども、ニューヨークの何番街かのところだけで、ガイガーカウンターが異様に反応するところがあるのだそうです。そこには道路工事の時に廃棄物が入れられてしまったのではないか。だから「アメリカで住むためにはガイガーカウンターが必須だ」と彼女は言っていました。

そんなひどいことをやっているから、もう被曝がものすごいんだけれども、ハンフォードの近くにあるそこの工場の従業員たちが住む町の名前は「リッチランド（Richland）」というのです。すごいでしょう？　リッチランドでは、福利厚生にすごくお金をかけているけど、被曝対策はほとんどしない。

その周りに先住民族の方たちが住まわされていて、炉内の最もひどい被曝労働はその方たちにさせてきた。リッチランドの人もすごく被曝しているのですよ。だけど、福利厚生があって、まあ騙されていて、その町のことを、ある研究者が「プルートピア（Plutopia）」と言いました（㊴）。そのプルートピアをつくったのがトライデック

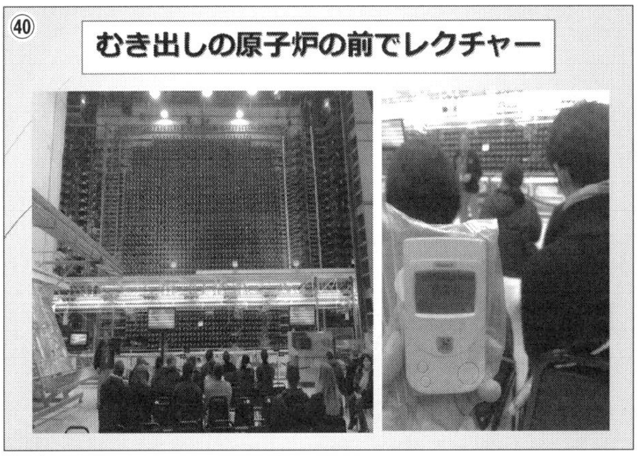

(TRIDEC) という会社で、それがいま福島に入ってきています。福島をハンフォードと同じような町にしていこうと言うのでしょう。

これは、実際に、長崎のプルトニウムをつくった原子炉ですけれども、むき出しなのですよね (⑩)。僕はここに行って非常にショックを受けました。「やっぱり僕は平和な国から行ったんだな」と思いました、僕にとって原子炉には格納容器があって覆われているのが常識なんですよ。ところがここには、原子炉で何かあった場合、それを覆うものがないのですよ。事故対策を全然考えていない。

今でもガイガーカウンターで針が上がりますよ。そこにツアーで子どもなども来ているのです。すごく恐ろしいシュールな場でした。

そこで、説明員のおじさんが運転室を見せてくれたのですけれども、この方は土産物屋の店長もやっていて、展示してあったのが、リッチランド高校のアメラグ部のスタジャンです (⑪)。見てください。校章が「R」の上にきのこ雲なのですよ。なおかつ、このアメラグ・チームの名前が"Bombers"「爆撃隊」です。

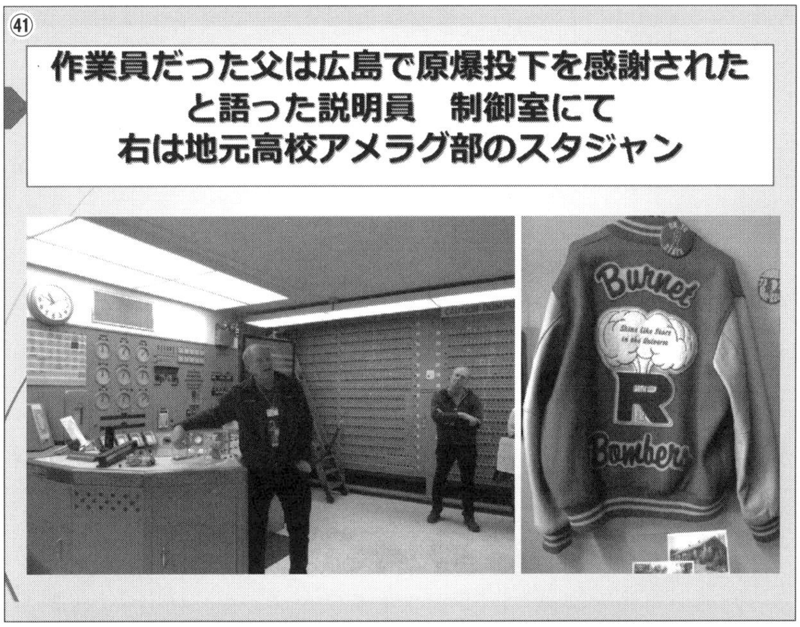

このおじさんは、日本人の一行だと思ったら喜んでやってきてこういうのです。「僕のお父さんは、ここでたくさんプルトニウムを造ったんだ。そして、何度も広島・長崎に行って、行くたびにもう日本人にすごく感謝されて、お父さんはいつも自慢げに言っていたよ」と。「よくぞ裕仁を倒してくれた。よくぞ日本のファシズムをなくしてくれた」と。ちょっと亜然としたのですけれども、間違いなく、そういうふうなツアーを誰かが意図的に作ったのでしょうね。

ここで働いていた人たちには、絶対に心理的に迷いとか苦しみがあったはずなのですよ。「あんな虐殺行為をやって良かったのか」と。そういう人たちを被爆地に連れていって、会ったのは本当の広島・長崎の被爆者であるわけがないですよね。大体、普通の日本人で「裕仁」なんて言いませんしね。「天皇制ファシズムを倒してくれてありがとう」とか日本人に言わせて、「ああ、やっぱりやっ

たことは正しかったんだ」と思って帰されるという、そういうことが繰り返されたのだと思います。そういうことも含めて、やっぱりここの住民はすごく騙されている。

僕は、炉心前と炉の入口で、暴力に立ち向かう気持ちでPeace flagを掲げました（㊷）。

データを偽装し「被曝被害はない」と主張する早野龍五

さらにもう１つ、この高村昇氏は『放射線のホント』という本も書いています（㊸）。冒頭のところで「あれから７年」、あったのは被曝被害ではなくて、すべて風評被害だったと書いている本です。『放射線副読本』よりももっとひどく露骨に「被曝被害なんかない」と言っている本なのですけれども、これを共同執筆しているのが、早野龍五氏です。覚えください。非常に悪い人ですから（㊹）。

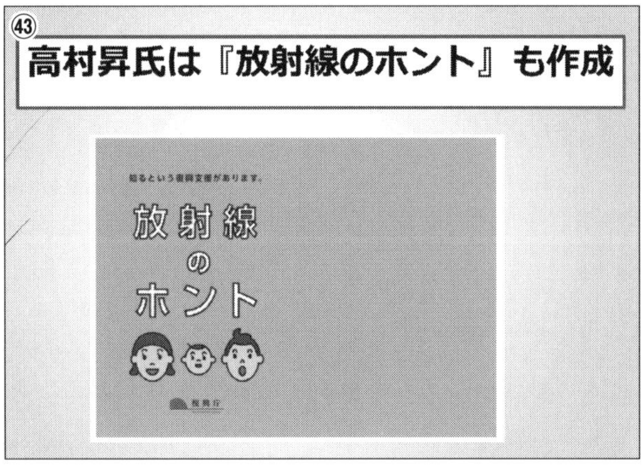

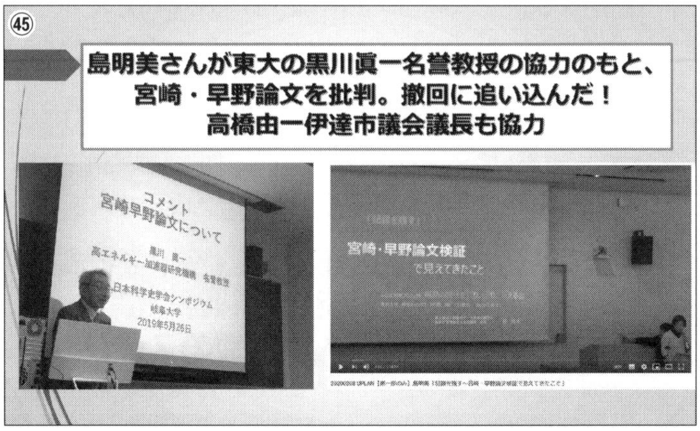

「宮崎・早野論文」という名前を聞いたことがありますか。これは、宮崎真《まこと》という福島医大の研究者と、この早野さんで組んで、伊達市の線量評価を行った論文です。伊達市は伊達市民にガラスバッジをいっぱい配って調査を行いました。何が目的だったのかというと、伊達市は除染をあまりやりたくなかったので、「ガラスバッジを配ってみたら大したことなかった」という論文を書いて欲しかったのですよね。

それを担当したのが宮崎真氏と早野龍五氏だったのですが、問題の一つは、伊達市民の合意を得ないでそのデータを使ったことにありました。まずこれで倫理的にアウトなのですよ。ところが、もっとひどくて、伊達市民の合意を得ないデータだけではなくて、ある方が精査して読んでいったら、データがないはずのところに数値が並んでいた。完全に偽装なのですよ。普通の科学者だったら、ほぼこれで学者生命は終わりです。

それを、『ランセット（The Lancet）』という英字誌に出した。でもデタラメでも一旦出すと「勝ち」なのですよね。それが流布するから。それを、黒川眞一さんという方と、伊達市民の島明美さんという方が協力し合って暴露して、最終的にこの論文を撤回させました（㊺）。宮崎真氏は、これで学位を取っていたので、学位も撤回させました。それは素晴らしい、市民の方が行ったすごい反撃でした。週刊誌で、「論文データは偽りだらけ！」ということが明らかにはされています（㊻）。

この方々の名前を知ってください。早野龍五、渋谷健司、上昌広、坪倉政治。相馬市に入り込んで、相馬市の被曝状況がいかに安全な状況なのかという安全教育を行った人物たちです（㊼）。

ちなみに、この上昌広氏と渋谷健司氏は、コロナ

㊻
福島県の主婦が現地調査
2年で虚偽を暴いた――
政府の被曝基準に大問題発覚……
東大名誉教授作成
論文データは偽りだらけ！
「被曝は少なかった」「除染は不要」
「こんな論文が政府の基準になったらまた余計な被曝をさせられる」という主婦の強い思いが問題点を暴いた。その波及に、東大も調査に乗り出す事態に！

で最初から「ロックダウンは必要だ」とか、コロナがいかに危険かということを煽りまくった人なので、僕は一番初めにこの２人が煽りだしたので、この情報はちょっと怪しいのではないかと思いました。

この４人は完全な原子力マフィアの一員ですね。渋谷健司氏が今どこにいるのかというと、一つはビル・ゲイツ財団のつくっているワクチン製造チームの一員であり、もう一つに鹿島平和研究所というところから発言しています。分かりますか。鹿島建設ですよ。鹿島建設は、東日本の原発の建屋をほぼ全部造っている。今一番儲けているのは鹿島建設です。あの凍土壁とかをやっているのも全部、鹿島建設です。失敗しても失敗しても、お金が入ってくる。そんなことをやっている、そこの「平和研究所」にいます。

それから、この上昌広氏が連れてきたのが坪倉政治氏といって、この方が、例えば、ホールボディ・カウンター（whole-body counter）を使って、いかに今、安全なのかということを住民に示しているのですけれども、これを僕は「ホールボディ・カウンター詐欺」と言っています（㊽）。なぜかというと、ホールボディ・カウンターって、そのときに、その人の体の中にある放射性物質からのガンマー線だけが測れる装置なのですよ。ところが、人は、どれだけ内部被曝したかを測る機械だと誤解してしまうのです。でも例えば放射性ヨウ素は、80日でもう放射線をほとんど出し終えるのです。だから、そこから先は、医療的な調査でなければ意味がないのです。もう放射線値を測っても出てきません。

では、放射線値がゼロだったら何も問題がないのかというと、まったくそうではなくて、もう既に被曝しているのだから、がんになっていないかとか、健康影響がどういうふうに出ているかとか、そちらの側を見なければいけないのですよね。

ところが、このホールボディ・カウンターを使って、繰り返し、繰り返し、「福島浜通りは安全である」ということを言っているので、「ホールボディ・カウンター詐欺」と僕は言っているのです。そういう方たちが、「放射能は、正しく怖れ、賢く避ける」という言葉をスローガンにしています。

渋谷健司氏がコーディネーターになったシンポジウムが行われましたが、このジェリー・トーマス

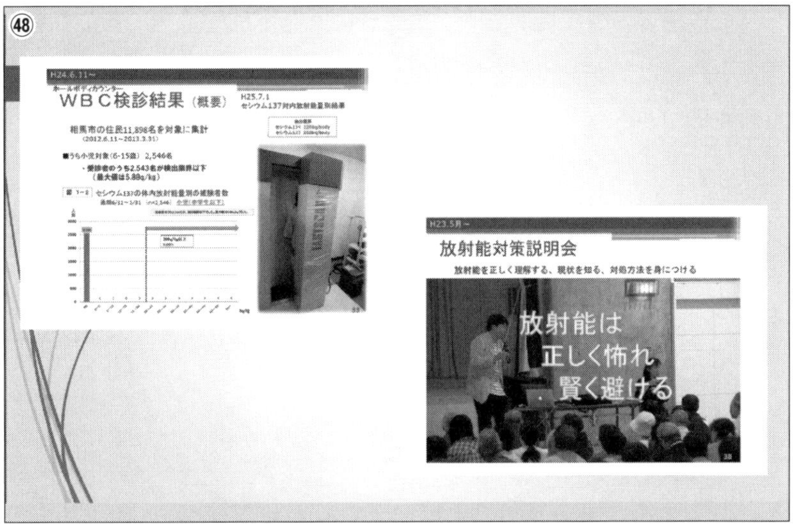

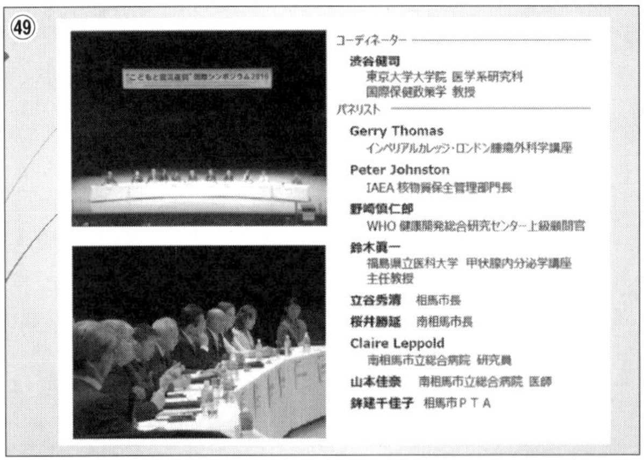

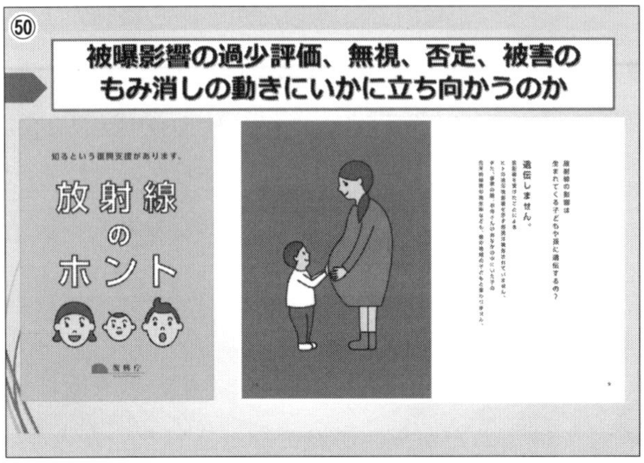

(Gerry Thomas) とか、ピーター・ジョンストン (Peter Johnston) という方も、IAEAとか、国際原子力マフィアですよね。そういう方たちを招いて、相馬で大きな会合をやっています（㊾）。そういう人が書いた『放射線のホント』では、遺伝的影響は絶対にないという点をすごく強調しています（㊿）。

良心のかけらもない「科学者」による「遺伝調査」

放射性影響研究所、これは、もともとアメリカ軍がつくったABCC (Atomic Bomb Casualty Commission) という被爆者の調査機関です。被爆者に対して加害行為を行った側がつくった機関だから、本来はそんな調査機関があってはいけないのだけれども、要するに、いかに被爆の影響がないかをずっと論文に書き続けてきた機関なのです（51）。この機関が、いま被爆二世のゲノム解析をやりたいと言いだしているのです。放射線の影響があったら、ゲノムを見れば分かると。

これを皆さん、どう思いますか。この調査、透けて見えてくるものがあります。というのは原爆が落とされてから、もう70年以上経っているわけですよ。それで本当に遺伝的影響がないのだったら、今になって絶対にこんな調査をするはずがないのですよ。では何でやるのかというと、データが欲しいのです。もう一つは、「これだけ大掛かりな調査をやったけれども、遺伝的影響はなかった」と言うためです。

そう思っていたら、既にチェルノブイリで、既にやられていました。チェルノブイリでゲノム解析をやって、まだ300人しかやっていないのだけれども、「遺伝的影響は見られなかった」という結論がでました。それで日本では誰がやろうとしているのかと思って調べてみたら、また早野龍五氏でした。

この早野龍五氏が、放射線影響研究所の評議会の副議長なのです（52）。日本人が４人、アメリカ人が４人という構成で、だから日本人のトップです。何度も言いますけれども、さっきの論文で倫理的に言って、科学者としてもう終わっているはずの人なのです。科学者を名乗ってはいけない方です。

ちなみに、黒川先生と、この早野龍五氏のZOOMでの対決があったんですよ。それを僕は島明美さんとかに誘っていただいてリモート参加したら、黒川先生の圧勝でした。でも単に黒川さんが勝っているだけではなくて、早野龍五氏はまともに論争するつもりがないとことが分かりました。

それでそこに入っていた他の科学者たちは怒ってしまって。「早野先生、早野先生がやっていることは、学部の１年生でもやらないような、そういう誤りじゃないですか」と言ったら、早野さんは「ああ、そうですね。恥ずかしいですね。ハッハッハ」と言いました。

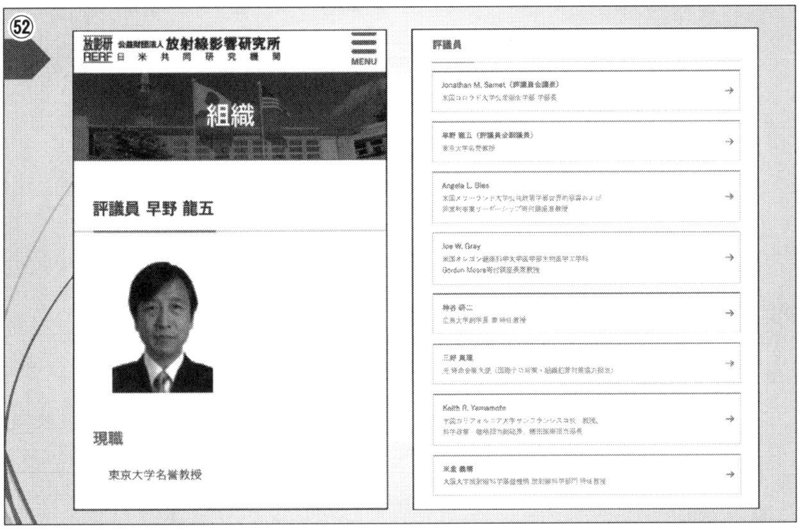

岩波の『科学』という雑誌の編集長が怒ってしまって「早野先生、あなたは科学ということをどういうものだと思っているのですか。科学者としてあなたは恥を感じないんですか」と問うと、「いや、さっきから恥ずかしいと言ってますけど」と答えました。

何ら良心的にも恥ずかしいと思っていないのですね。そういう人が、放射線のことを安全だという本もいっぱい書いているので本当に注意してください。

被曝影響は目に見えだしている

そういう中で、実際にはどういうことが起こっているのかというと、京都に避難されてきていた鈴木絹江さんが、今年（2021年）の５月に亡くなられました（53）。よく知っている方が多いと思うのですけれども、それから、お連れ合いの匡さんもお亡くなりになってしまいました（54）。さらに、飯舘村の長谷川健一さんも亡くなられてしまいました（55）。10年経って、本当に深刻ながんの影響などが出てきています。

いま放射線影響研究所とかが、被爆二世への遺伝的影響はないとか言いだしたのは、こういう事態が見えているからですよ。

実は、最近、僕の親しくしているある方が、肺がんになったというので聞いてみたら、がんが脳に移転しているということで、極めてシビアな状況にあるのですけれども、そういう方などがどんどん増えています。

今日来られている方では、福島さんのお父さんが、福島原発事故まではもう病院なんか行ったことがないという方だったのに、事故後に前立腺がんになられて、去年お亡くなりになったと聞きました。そういう事態がどんどん出てきているので、逆に、ものすごく「被曝との無関係」を強調してきているのだと思います。

いつも原発サイドが何かを強調するときには、必ず裏があるのですよ。そういう見方を

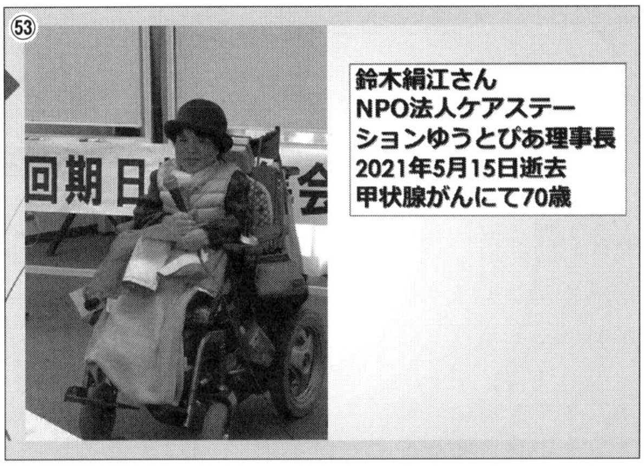

しているときに、これだけにわかに「遺伝的影響はない」とか、「被曝影響はない」ということの声が高まっているのは、どんどん、それが見えだしているからだと思うのです。だから、それと立ち向かっていかなければいけない。

「原爆投下」は最も大きな戦争犯罪（人体実験）

では、どうしたらいいのかということで、この辺からスカッとさせなければいけないので、そういう話をしていきたいと思います。

「原発の運転のため、核兵器の擁護のため、被曝影響がきわめて過小評価されてきたことを解き明かすことが大事」であると。「福島原発事故の問い直しを続けること」が大事だということで、これはもう講演のたびに言っていることですけれども、そもそも「放射線と人体の関係が大規模に調べられたのは広島・長崎への原爆投下後」なのです（56）。

最近、僕は、ちょっとこの「投下」という言葉をやめたいと思っていましてね。何か、「投下」とか、生やさしい問題ではないですよね。あれは大量虐殺です。何かそのことが、きちんと言われてこなかったのではないかという気がしています。原爆による虐殺は最も大きな戦争犯罪の一つではないですかね。南京虐殺に匹敵する戦争犯罪が、僕は広島・長崎だと思うのです。ところが一切罰せられていないのですよね。

そこで皆さん、これはご存じですよね。２つの原爆が落とされたと、誰でも知っていますよね（57）。それでは広島に落とされたのは何時何分でしょうか。８時15分ですね。ではなぜでしょうか。これには明確な理由があって、アメリカ軍は何機も偵察機を飛ばして、何時何分に広島の中心地に最もたくさんの人が集まって、なおかつ、その方たちが外にいるかの時間を計ったのですよ。それが８時15分です。つまり、最も効率良く、放射線と熱線と、爆風を浴びさせるための時間を狙って原爆を使用したのですよ。明確な人体実験だったのですよ。

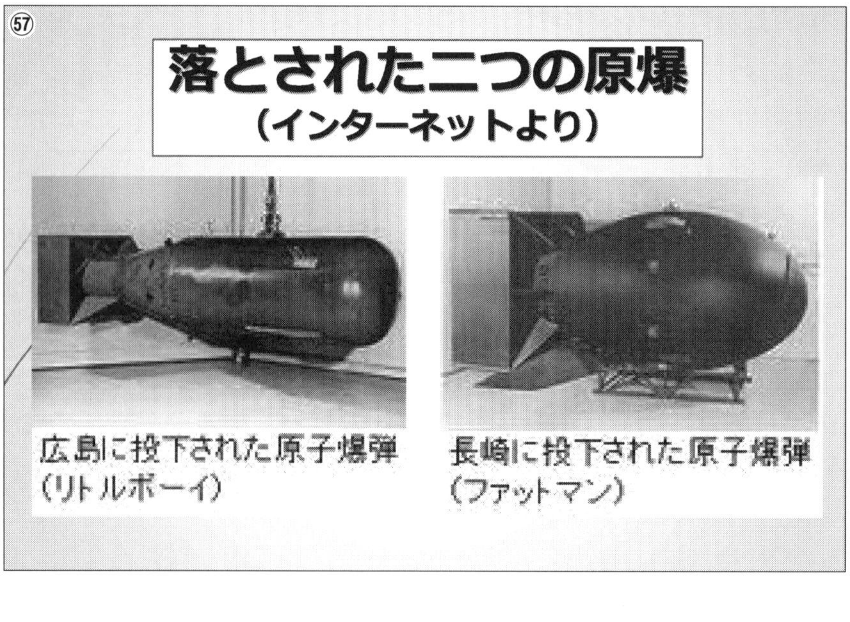

これを僕が話したら、広島の被爆者の方で、当時広島駅の機関車の車庫の中で、機関車の中の清掃をしていた方がおられてお話をしてくださいました。当時中学２年生と言ったかな、今はもうおじいさんですけれども、教えてくれたのですが、「守田さん、８時15分って、上下線が広島に入ってくる時間ですよ」ということでした。広島に列車で出勤してくる

方、それが広島駅で一番あふれている時間帯を狙ったのだというわけです。だから、広島駅は惨憺たる状況で、その方はたまたま柱を背に背負う形で被爆したので、直爆は免れて命は助かったのですけれど、それはもう大変な光景だったそうです。

だから、もう明確な人体実験として原爆を使った虐殺を行ったのです。アメリカはそんな最も大きな加害行為をどう隠すかということをすごく大きな課題としていたのです。

マラー（Muller）という生物学者が、1927年にショウジョウバエに放射線を当てる実験を行って、今でいうDNAがぐちゃぐちゃになってしまって、次世代に影響が出ることが分かっていたのです。マラーは、その実験で、1946年にノーベル賞を取っています。ノーベル委員会が、放射線被害の、広島・長崎で原爆を落としたことを見据えて、わざと取らせたのかもしれません。

このためアメリカは、放射線被曝が大した影響を及ぼさないということを証明することが、最も大きなミッションになって、それが今も続いているのですよ。

加害行為を隠すためのアメリカの工作

では、放射線被曝の影響をいかに隠したのかというと、被曝を初期被曝だけに限って、内部被曝を隠したのです。内部被曝の影響を全部抜かして、要するに、放射線は爆心地からキロ以内には深刻な影響を与えたけれども、2キロより外では影響がなかったと言い張ったのです。それが今の放射線防護学の基準になっているのですよ。だから放射線防護学という学問を大学で習ってしまうと、結構それに洗脳されてしまいます。

このため、原発反対運動を行っている方でも、被曝影響を過小評価することがときどき見受けられます。放射線被曝はそんなに危なくないというようなこと、とくに内部被曝の影響をまったく無視した評価が、学問として書かれているからなのです。学問というより、つくられた偽の学問、軍事的学問ですよね。

それを作りだしたのがさっきのABCCですが、『はだしのゲン』の作者の中沢啓治さんのお母さんが亡くなったときにも、「遺体を寄こせ」と言って、ここの所属の米軍のジープがやって来たそうです。中沢啓治さんは、本当に怒鳴り散らして追い返したそうです。それでそのお母さんの遺体を焼いたときに、骨が残っていなかったそうです。被爆によってずたずたになってしまっていたんですね（㊽）。

3　市民放射能測定所の意義　被曝の危険性を明らかにすること

「黒い雨裁判」は福島の人のため

「放射線被曝の危険性を明らかにすること」が最も大切で、それで、僕は「市民放射能測定書の意義もそこにこそある」と書いたのですけれども、要するに、被曝の影響に対して立ち向かっていこうとみなさんに呼びかけたいです。そのために、私たちが無から始めるのではなくて、まずは「黒い雨裁判」、それが勝訴したことの意味をみんなで一緒に分かち合いたいと思います（(59)）。

「黒い雨裁判」は、原爆が落ちた後にできた放射能の雲がありますよね。原子雲、あれがもう放射能の固まりなのですよ。その原子雲の下では、ものすごい火災も起こったので、火災で煤《すす》がいっぱい上がりました。それで黒い煤の中に放射能がたくさん入って、暫くして降ってきたのが「黒い雨」なのですが、それを浴びた地域が、ものすごく小さく設定されていたのです。

その狭く設定された区域の周りにいる方たちが、自分も確かに「黒い雨」を受けたので、自分を被爆者として認定して、被爆者手帳を出して欲しいと長い間、求めてきたのですが、裁判には至らなかったのです。いつ頃から要求運動が始まったのかというと、1980年ぐらいから始まっています。

広島市や長崎市、あるいは、広島県、長崎県と交渉して、国に援護措置の拡大を求めることをやってきたのです。それで、広島市も長崎市も、あるいは、広島県も、「黒い雨を受けたこの方たちは被爆者だから救済してくれ」とずっと国に言ってきました。ところが、埒《らち》が明かないので、2015年に裁判を起こしたのです。

裁判の一番中心になっている方に、「なぜこの時期に裁判を起こしたのですか」と聞いたら、その方が「福島の人のためだ」と言われました。「自分たちの被爆被害を明らかにすることが、いま福島で新しく被曝をした人たちの助けになる」と。「自分たちはそのために、裁判に持ち込んだのだ」と。原告の方全員がそう言っているかどうかは分かりませんが、中心的な方たちはそうおっしゃっていて、本当に胸が熱くなりました。

それで、裁判が行われました（(60)）。地図の濃いところは認められていた地域です。さらに斜線になっているところは、小雨は降ったけれども、「そのぐらいだったら被害ではない」と言われていた地域で、実際には、広島市が調べてみたら、5倍も6倍も広い地域に黒い雨が降っていたのです。黒い点は原告の方たちが居た地点です。ここにおられる方たちがみんな声を上げていて、実際に内部被曝していた。

初めて内部被曝の被害を認めた1審判決

(60)の右は丹波篠山市のパンフレットに出したものですけれども、ぜひ皆さん、知ってください。「外部被曝」「内部被曝」という言葉は知っていると思うのですが、その中間に「汚染」という領域があります。両方がいっぺんに起こることです。具体的に言うと、雨などに当たることです。それで皮膚から吸収するのですよ。皮膚から「内部被曝」するのですよ。だから、「内部被曝」じゃ口からだけではない。殺虫剤の害なんかはほとんど皮膚から体内に入ります。そうやって皮膚を経由する毒のことを「経皮毒」というのです。そういう形で「内部被曝」をしていて、だから、この方たちが訴えて、それでまず1審で勝利したのですけどね。この1審が画期的だったのは、初めて「内部被曝」の害を認めたことです（(61)）。

さっき言ったように、ずっとアメリカは「外部被曝」、外から来た放射線の害は認めざるを得なかっ

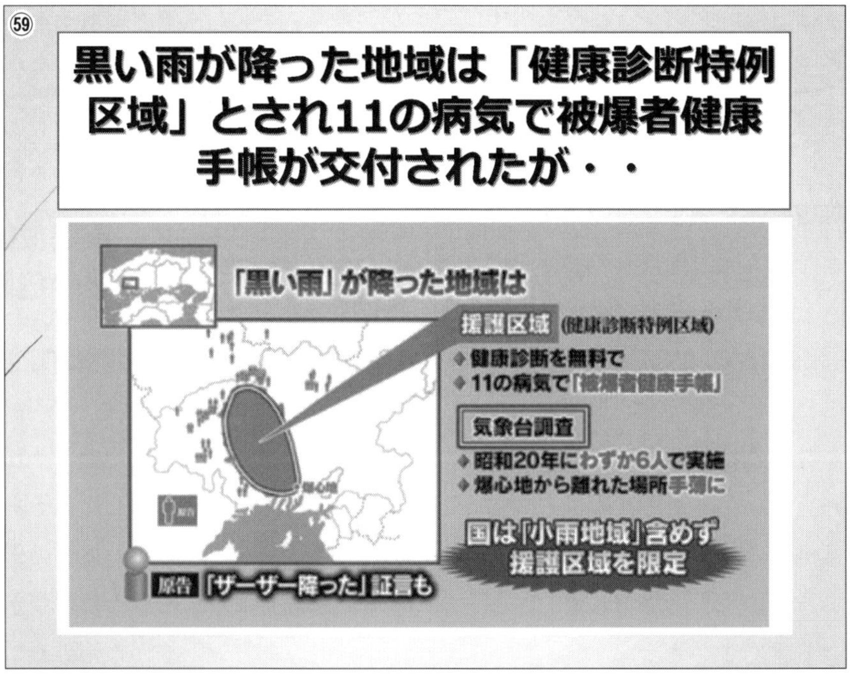

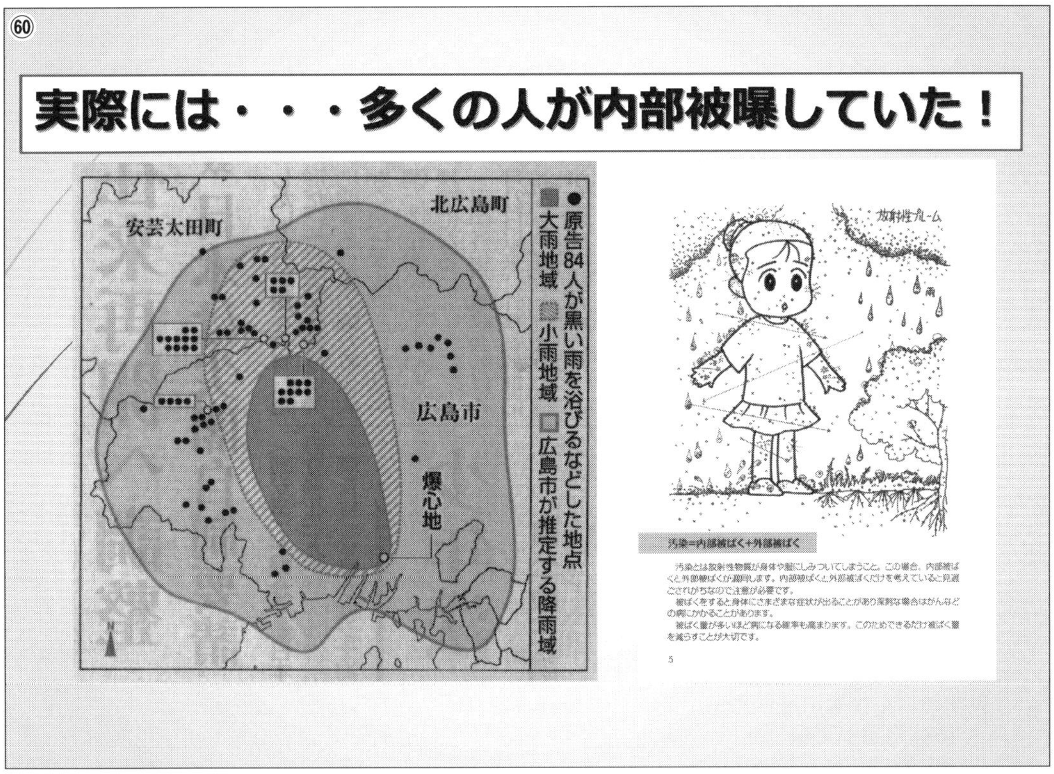

たから認めたけれども、その後に、例えば、放射線の塵《ちり》があるところに、どんどん人が家族を捜して入ってしまったのですよね。これは「入市被爆」というのですが、その被害を一切認めなかったのです。というか、日本政府もずっとアメリカに追従して、一切認めなかったのですよ。

だから、「内部被曝」という言葉を一番初めに日本政府高官が言ったのは、枝野さんだそうです。福島原発事故の後に、記者会見のときに「内部被曝」という言葉を使って、それで「原爆症認定訴訟」という裁判を行ってきた弁護士たちが色めき立ったそうです。「ああ、ついに政府が『内部被曝』を認めた」と。でも、よく聞いたら全然認めていなくて、言葉だけ使っていることが分かったので、「ああ、なんだ」となったそうですけど。それまでは言葉すら使わない。「内部被曝」の存在すら認めなかったのです。

ところが、この裁判では画期的に認められたのです（62）。僕は琉球大学名誉教授の矢ヶ﨑克馬さんと一緒に『内部被曝』という本（岩波ブックレット）を編んだのですが、実は、これがすごい力を発揮してくれたそうです。原告の方たちが、これを学習してくださって、この裁判は「内部被曝」の被害を明らかにするという裁判だと位置づけて下さった。僕も一緒に書いた本が、直接に原告の方たちに役に立ったので、嬉しかったし光栄でした（63）。

事務局長の高東さんという方にお会いしたら、「あっ、守田さん、知っていますよ。矢ヶ﨑さんと

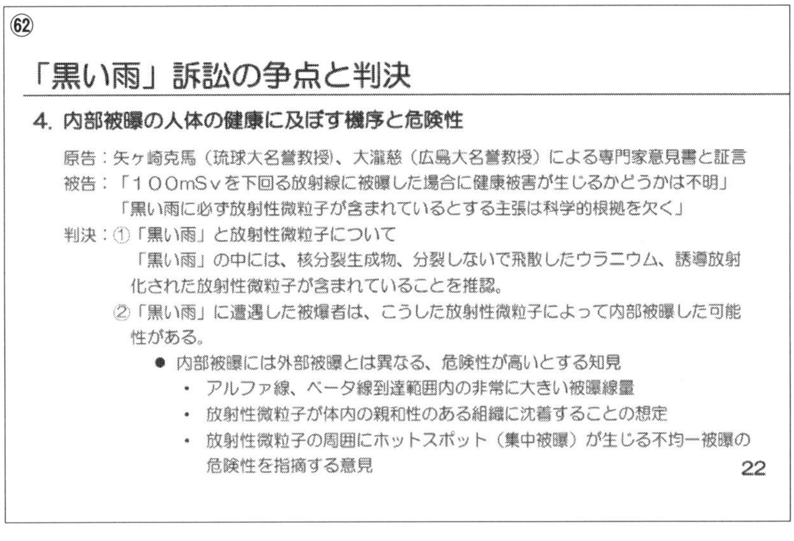

この本を書いて下さったのですよね」と言って下さって、いろいろな方のところへ連れていって下さいました。

ところが、国が広島県と広島市を動かして控訴してしまったのです。どういうことかというと、手帳を出すのは広島市と広島県が行うことなので、裁判では広島市と広島県を訴えることになっていたのです。その広島市と広島県は出してくれと国に言ったのだけれども、国が認めない。それで、機関委任事務といって広島県や広島市は「国の言うことを聞かなければいけないのだ」と誤って思い込んでいたのです。そんなことはないのですよ。でもこのときは屈してしまって、広島市と広島県が控訴したので、

控訴審になったのです（64）。

それで、高裁にいったのだけれど、高裁の方がさらにいい判決が出たのです。だから、国は絶対に控訴したことを後悔していますよ（65）。

報告会の最後にみんなで「頑張ろう」を三唱しましたシーンを動画でお見せします。

〈動画映す〉

原告は「この一年はとても長かった。一審に続き控訴審でも、黒い雨被爆者を被爆者援護法の「被爆者」と認める判決が出されました。広島市・広島県はこの判決を受け入れ、上告せずに、私たち原告にただちに被爆者健康手帳を交付してください。そして国も判決を受け入れて、これまでの被爆者行政のあり方を根本的に見直し、すべての黒い雨被爆者を「被爆者」として救済してください。

子どもや孫のために、どうしても生きて、生きて内部被曝を認めさせ、次の世代に命かけて闘ったと胸を張って言おうではありませんか。最後に「頑張ろう」をやりましょう。長生きして黒い雨を見届けるぞ。頑張ろう」「頑張ろう」（拍手）

〈動画終わる〉

被爆するところにいた事実だけでOK（高裁判決）

この高裁判決の何が画期的なのかというと、国は「被爆したことで健康が悪くなったことを科学的に証明せよ」と言ってきたのです。それに対して控訴審が明らかにしたのは、「そんな証明はいらない」ということなのですよ。これが画期的なのです。何が必要なのかというと、被爆したこと、被爆しうるところにいた事実があれば、もうそれでOKなのです（66）。つまり、健康を害する可能性があるから被爆者健康手帳を交付しなければいけないということなのですよ。

被爆者の援護法、これは一、二、三、四とあるのですけれども、一番目は、原爆が落ちたときにこの地域にいた人です。二番目は、その人たちを探しに内側に入った人、三番目は「原子爆弾が投下された際又はその後において、身体に原子爆弾の放射能の影響を受けるような事情の下にあった者」、四番目

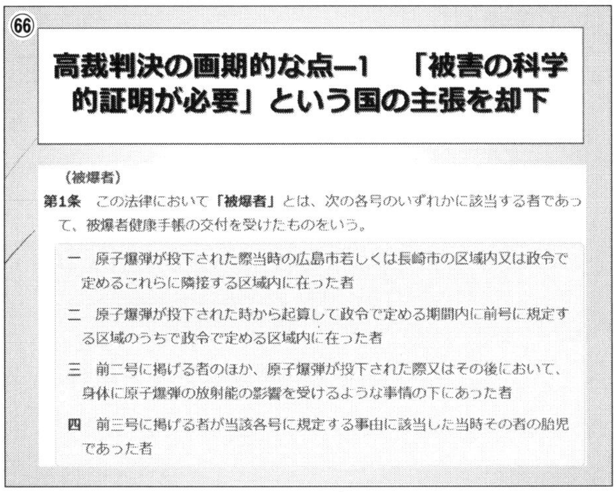

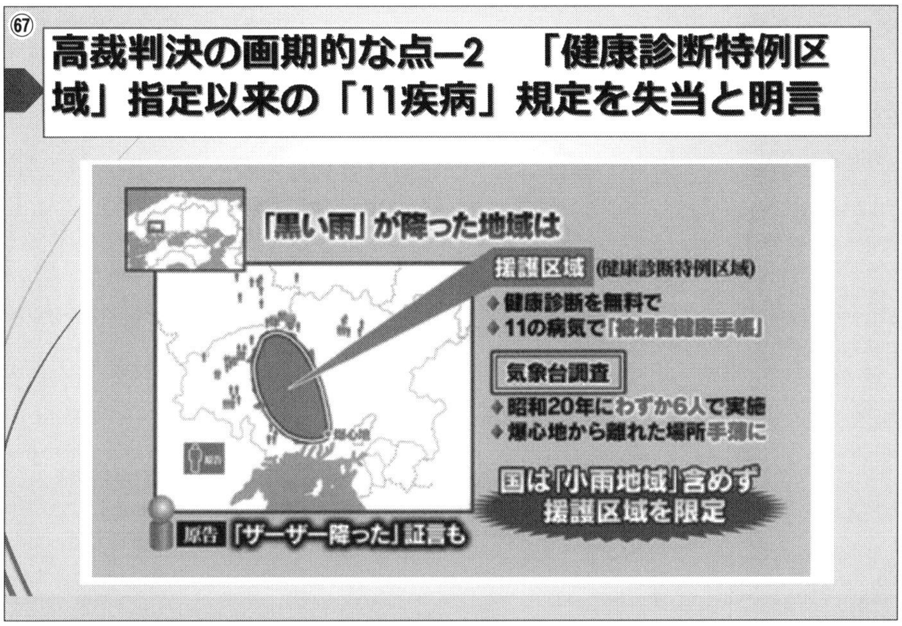

はその一、二、三の条件の下に遭った女性のお腹にいた子どもです。これらの方たちが援護されなければいけないとなっているのです。

これが非常に重要な点で、もう一度ポイントを言うと、「被爆による健康被害の科学的証明などいらない」「黒い雨の影響を受けた＝被爆して健康を害する可能性があれば保障されねばならない」。これが、「あらゆる核被害に適用されるべき論理」だと思います。

１審判決では、被爆者のいろいろな法律の中で、11の病気になるとそれに対するお金が出されるという法律があって、それを間違って適用していて、11のどれかの病気がないと手帳は貰えないとなっていたのです。ただし、原告の方84人はすべて病気を持っているので、全員それに該当していたのですけれども、２審判決ではその制限が取れたのです（⑰）。その結果、被爆者健康手帳を取得できる可能性のある方が大幅に増えたのです。

今、対象が概算で１万3000人だそうです。そのうち200人が既に申請を行っています。だから、すごくこれは画期的なことで、非常に重要なのは、このときに田村厚生大臣が、非常に正直な方で、こう言ったのです。「黒い雨訴訟、容認しづらい」と（⑱）。なぜかというと、「放射線に関する他のいろいろな事象に影響するので容認しづらい」のだと。正直に言ってくださいましたねえ。

つまり、福島の原発事故、あるいは、第五福竜丸を始めとした核実験とか、そういうことを含めて、これは核被害者にすべて演繹できる論理なので、だから、私たちはこれを使おうということです。それが非常に画期的に勝ちとられました（⑲）。

田村さんは、だから上告したかったのだろうけれど、時の菅総理が、もう政権が倒れてしまうので、上告するのをやめたために確定しています。だから、これは使えるのです（⑳）。

あるおじいさんは、６人で川で泳いでいて、一緒に泳いでいた友達は全員死んだそうです。１人生き

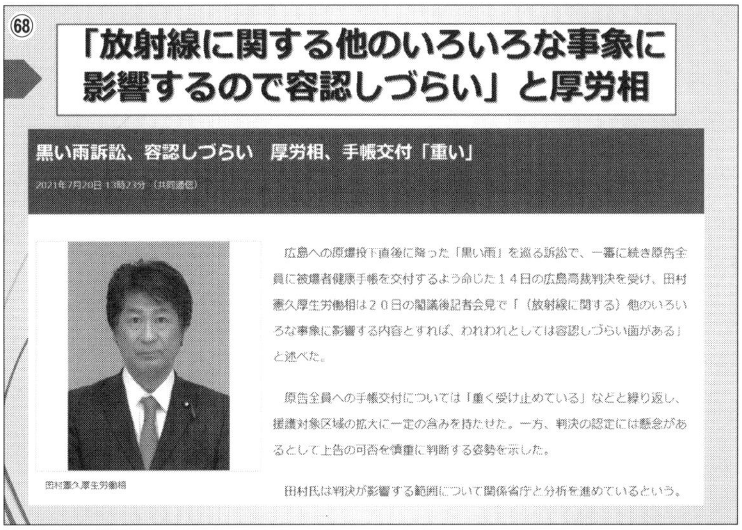

残って、自分は絶対にこの裁判を見届けなければいけないと、ご高齢にもかかわらず、バスですべての裁判に通って、１回も欠席しなかったそうです。一度は法廷で倒れたこともありながら、裁判をずっと闘い抜いて、手帳を取得されました（㉑）。それで劇的なことが始まっていて、手帳をもっと取得できるぞということになっている（㉒）。

あともう１つ、これを見て明らかにこれにぶつける形だと思いましたが、NHKが８月９日に画期的な番組を放映しました。『原爆初動調査　隠された真実』です。長崎で、明らかにアメリカ軍が「黒い雨」の影響を隠していたことが描かれました。その中心になってやったのが、グローブス（Groves）少将という人ですけれども、これはすごい番組です。

びっくりしたのですけれども、西山地区というところの貯水池に実は「黒い雨」が降っていたのです。貯水池ですよ。その下流にあるのが長崎市で、原爆が落ちてから後も、この水を使い続けたことになると思います。だから被曝は戦後もずっと続いていた可能性があって、だから、ここを掘り起こしていけば、長崎の方ももっとかなりたくさんの方が被爆者健康手帳を持てる範囲におられることが見えてくるはずです。

番組の中では、21歳で白血病で亡くなった女性のことなどを取り上げて、その方がこの貯水池の近くで雨を浴びたことが放映されていました。NHKはかなりこの番組に力を入れていました。ホームページのつくり方が、今までと全然違うのですよ。ここで被爆被害をもっと表に出そうとする意思をすごく感じました。そういう社会的な流れが非常に強まっているのではないか。

被爆二世・三世の健康調査で明らかになったこと

最後に、いま「問われていること」をいくつか。

まず、広島・長崎の手帳の取得範囲を拡大することにぜひ力を注ぎたいと思います。今後、矢ヶ﨑さんをサポートして、僕も長崎の裁判への関わりを強めたいと思います。

それから、被爆二世、三世への遺伝的影響をもっと明らかにして、二世、三世の被爆者健康手帳を国に出させたい。「二世手帳」を出させることを広げたい。

東京都と神奈川県はすでに出ているのですよ（⑬）。広島や長崎では出てないのですよ。これは、東京、神奈川の被爆者の運動の成果です。力関係ですよね。

そういうことを踏まえて、2021年９月12日に、被爆二世問題のZOOM講演会をしました。ネットに上げてあるので、ぜひご覧になってください。200人以上が視聴して下さいました。被爆二世の問題を掲げた、あらゆる集会で200人集まったのはZOOMであろうとも初めてだそうです（⑭）。

あと、僕は京都「被爆二世・三世の会」というところに入っていますけれども、そこで、被爆者健康調査、被爆二世、三世の健康調査をやって、既に100名ぐらいのアンケートを取っています。こういうことを行っていることを、お近くの二世、三世の方に教えていただいて、さらに広めて欲しいし、自分自身がそういう症状があるのではないかと思う方は、ぜひ読んで見てください（⑮～⑰）。

「原爆ぶらぶら病」って聞いたことがありますかね。これは差別的な言葉であって、岡山の三田茂医師が「能力減退症」という言い方をしていて、その方がいいと思いますが、気力が出なくなってしまうとか、動きがすごく鈍くなるとか、頭が回らないとか、そういう症状なのです。そうしたら「最近、よくそういう症状になる」という方がおられました。

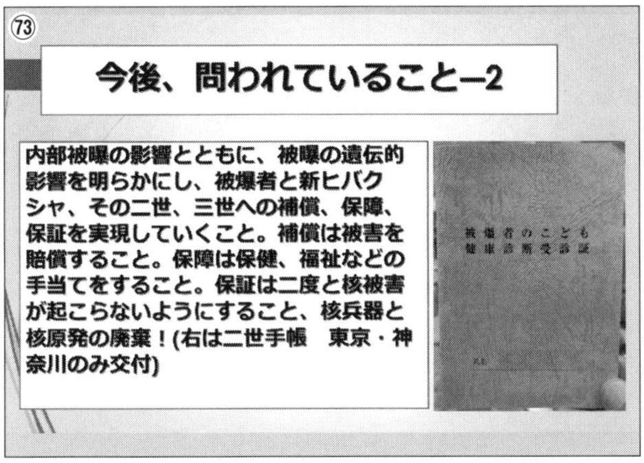

たどってみると、お父さん、お母さんが、若い時にシルクロードをずっと旅をしていたと。ちょうどあの夏目雅子さんが白血病で亡くなられたころで

⑦⑦

２０１５年被爆二世健康実態調査
中間報告

被爆アオギリ二世
(日本郵政グループ広島ビル)

⑦⑨

□ぜんそく、気管支炎で吸入を毎晩し、小学校入学までは、ほとんど幼稚園に入園したが、通園できなかった、よく熱をだしていた

□鼻血はよく出ていました。今も時々出ます。

□出産時の体重は２３００gでした。

□かぜをひきやすかったときく。ぜんそく。

□白血球が少ない。

□疲れやすく、よく片頭痛をおこしていた。

□胃腸が弱い

□小さい頃は病気ばかりして、いつもネマキすがたであったが、小学校に、入学してからは健康であった。

□病弱気味で人より体が細かった。

□よく鼻血がでていた。貧血気味だった。

□幼いころは乗物酔いがひどくて、酔い止め薬を飲まないと車などに乗れなかった。幼い頃は、暗い中での劇場映画も観ることができなかった。非常に気分が悪くなり、しばしば嘔吐、めまいを起こした。

□小学３年のとき肋膜、肝臓、貧血等で２学期近く休学。その後も夏は貧血等で体調を崩すことが多く、大学卒業までずっと医者通い。しかし、就職後は職場の健診で「低色素性貧血」とされる以外は過労やストレスでダウンすることはあったが、すこぶる元気。

□出産時は体重２０００gで、冬でしたので保育器に入っていました。

□小学校で鼻血がよく出ていました。

⑧⓪

□アトピー性皮膚炎

□幼少の頃、よく鼻血が出た。

□出生頃より病弱貧血で（強）中学生になって貧血が正常になった。小学校４年生の時、一気に学校の２階に上がれることが出来なかった。

□出生仮死状態。中学生まで強い喘息だった。

□特に困るようなことはなかったようです。但し、結婚後、長男を急性骨髄性白血病で亡くしました。２人目も流産しています。

□先天性心室中隔欠損症で、小中学校時代は病弱だった。現在は心音は以前の通り異常だが、病気はしなくなった。

□小学校高学年時、突然鼻血よく出た。学校の朝礼の時、貧血状態で気分が悪くなることが多かった。ジンマシンが出ることがあった。

□戦後食糧難にて栄養失調

□風邪をひきやすく、すぐ中耳炎になるので、幼稚園は半分くらいしか行けなかった覚えがあります。

□たまに鼻血がでていた。

□扁桃腺をよくはらして発熱して低学年まではよく休んだ。

□小学校の頃はよく鼻血を出しており、朝礼時に吐いていた時もある。中学校以降、半規管からくるものなのか、ふわふわした感覚があり、現在まで続いている。（鼻炎でもあるので、耳管が通っていない。通りづらい可能性あり）。喘息であり、慢性鼻炎である。

□よく鼻血が出ていた。よく扁桃腺だった。喘息だった。

□喘息の持病があります。

□４歳頃、鼻血が２時間出続けた。白いバスタオルが血で赤くなったらしい。そのつどつど、よく鼻血が止まらず、２～３日出たり、止まったりを繰り返すことがある。今はコントロールして疲れすぎないようにしている。②血小板減少症で、父の被爆と何か関係あるのか、ないのか？母（被爆者ではありません）も血小板減少症で、そちらの方なのかわかりません。

す。原因としてすごく疑われているのは、中国の核実験の影響です。あの頃、喜多郎さんですか、「シルクロード」という曲が大ヒットしたりして、すごくたくさんの若い人たちがバックパッカーであの地域に行かれたそうなのです。それで、お父さん、お母さんがそこに行かれて、その後に自分が生まれて、実は、お父さんも同じ症状を持っていると。そういうことで、あらゆる被曝の影響に対しての掘り下げを行っていきたいと思っています。

被爆二世の健康実態調査（１回目）を2015年にやったときの症状を一部だけですが紹介します（⑦⑧～⑧⓪）。

・幼児期、よく鼻血を出していたし、化膿しやすい体質であった。妹も虚弱体質であった。

・小学校入学以前は小児ぜんそくだった。

⑦⑧

□幼児期、よく鼻血を出していたし、化膿しやすい体質であった。妹も虚弱体質であった。

□貧血気味だった（目まい）

□小学校入学以前は小児ぜんそくだった。

□特にない。兄（長男）は一世である。教師として勤務していたが、学期終わり毎に高熱を出して寝込んでいた。

□よく胃痛がした。小学校の毎月の発育測定で体重減少が続いたので受診を勧められた。

□あまり体が強いほうではありませんでした。

□中学校の頃までは運動すると湿疹が良く出ていました。貧血気味で何回か失神したことがある。

□自覚ある範囲では、小学校のころから貧血気味だった

□扁桃腺がよくはれて熱を出してのどを冷やしてもらって寝ていた

□鼻血がよく出たり咳を多発しました。

□貧血気味で鼻血がよく出た事あり

□いつも扁桃腺の熱が出てひきつけを起こしたりしていました。

□貧血気味で鼻血がよく出た。ぜんそく出たことあり

□子供の頃は鼻血がよく出ました。現在は、赤血球の数値が低く、貧血気味です。

・よく胃痛がした。小学校の毎月の発育測定で体重減少が続いたので受診を勧められた。

・中学校の頃までは運動すると湿疹がよく出ていました。貧血気味で何回か失神したことがある。

・扁桃腺がよくはれて熱を出し、のどを冷やしてもらって寝ていた。

・鼻血がよく出たり咳を多発しました。

・いつも扁桃腺の熱が出てひきつけを起こしたりしていました。

あとは、ここにはあんまり出ていないですが、傷が治りにくいとか、すごくぜんそく持ちだったというふうな症状があって、あとは、胃腸がすごく弱かったとか、やっぱりすごく寝込みがちだったとかいうようなことがいっぱい出てきています。わりと特徴があって、似たような症状の方がいっぱいおられるのです。だから、それをどんどん今集めているところです。

さらに僕が非常に親しくしている被爆二

世の森川聖詩さんという方が、この私たちがやった調査を受ける形で、初めて被爆二世の方で、己の体にあったことを赤裸々に書く形で、『核なき未来へ』という本を書いてくださいました。そこで森川さんが書いてくださった、体に起こったことを、今度は僕が抜き書きして、第２回目のアンケート調査や行っています（(81)）。

そうすると、本当に似たような症状が驚くほど出てきていて、さらに、このアンケート調査に書いていないことが、またどんどん出てきているのです。

例えば、最近になって、50代でどんどんみんな歯が抜けたりしているというような話が出て来たりしていて、それもどんどん書き足していかないといけないと思っています。

アンケートに答えるのはとてもタフなのですよね。話をすると辛いのですよ。辛い過去を思い出すからです。

例えば、子どもの頃、怪我がなかなか治らない。なかなかカサブタができないことがあったのだそうです。白い膿が出てグジュグジュしている状態が続いて、それが洋服に付くのですよね。それで、よくお母さんに怒られた。それはすごく辛いトラウマだと。このアンケートをやると、そのトラウマを思い出して辛いとこの方はおっしゃっていたのです。

ところが、本当の辛さはそれではなくて、何回か話を重ねたら、実は、「そのときに僕はおふくろを責めたんだ」「母ちゃんが俺をこんな体に産んだから悪いんだと言ってしまった。それを今になって謝りたいけれども、おふくろはもう死んでしまった。それが辛い」というようなことをおっしゃいました。

そういう話がすごく多くて、あるいは、すごく深刻な家庭内の問題とかも聞くことになるので、正直、すごく辛かったのですよ。でも、途中から、だんだん僕は、いろんな話を聴くと、僕の中にいろんなその症状とかが堆積してきますよね。それで、話を聴く方の、「あっ、その症状はね、他の方にもありますよ」とかどんどん言えるようになっていくわけです。

必要な新ヒバクシャの健康調査

そうしたら、ある方が、「このアンケートは、自分にとって初めての救いだ」と言われた。「一度も自分は、この苦しみを他の人が持っているとは思わなかったし、天涯孤独の苦しみだと思っていた」と。あるいは、「他の人は自分が苦しいと言っても誰も認めてくれなかった」と。子どもの頃、お医者さんに連れていかれて、一番辛かったのは、「おかしいなあ。検査しても何も出てきません。この子が過敏なんじゃないですか」と言われたりしたことだったと。だから「人生の中で初めて今日。私を承認してもらえました」と言われたこともあります。胸が熱くなりました。

「だから、この調査をさらにどんどんやって下さい」と言われたのですが、この方の具体的な症状を言うと、いわゆる「ぶらぶら病」の中でも、極端な形で止まってしまう方なのです。急に体が動かなくなるんです。その方は、小学生の時の体育で「ヨーイ、ドン」のドンで動けなかったのだそうです。「ヨーイ」の声で止まった段階で、体が固まってしまって、「ドン」と鳴っても、「頭の指令が筋肉に行かない感じ」と言っていました。

その前に話を聴いた方は、友達と話をしていて、自分の番になったときに、にわかにしゃべれなくなるのだそうです。にわかにしゃべれなくなって止まってしまうのです。止まって、みんながおろおろするのですよね。おろおろしているのが見えているそうです。見えていて、自分も「ああっ、動かなくちゃ、動かなくちゃ」と思っているのだけれども、みんなが「どうしたの、どうしたの」とか言っている間、しばらく動けなくて、しばらくしてから動くので、気味悪がられてしまうのだそうです。それをすごく気に病んでいたのだけれども、このアンケートをやって以降、「ああ、あれが来たんだ」「心配しなくていい」「自分が悪いんじゃない。しばらくやり過ごせばいいことなんだ」というふうに思えるようになって、「すごく解放されました」とおっしゃってくれて、そういうことを励みにどんどん進めています。

⑧②

能力減退症の症状

記憶力の低下	疲れやすさ	集中力、判断力、理解力の低下	コントロールできない眠気
ものおぼえの悪さ	仲間についていけない	話の飲み込みが悪く、噛み合わない	倒れるように寝てしまう
約束の時間を間違える	長く働けない	ミスが多い	学校から帰り玄関で寝てしまう
メモを取らないと仕事にならない	頑張りがきかない	面倒くさい	昼寝をして気づくと夜になっている
	だるい	新聞や本が読めない	居眠り運転
	疲れると3，4日動けない	段取りがわるい	仕事中に寝てしまうので仕事を辞めた
	昔できたことができない	不注意	
	怒りっぽく機嫌が悪い	やる気がでない	
	寝不足が続くと発熱する（小児に多い）	学力低下	
		能力低下	
		頭の回転が落ちた	
		宿題が終わらない	

上記の表は文春オンラインにまとめられた「能力減退症」の主な症状です。ぜひ一つ一つ注意してご覧下さい。あてはまるものが幾つかある場合は、あなたにも被曝による「能力減退症」が起こっている可能性があります。三田さんの論文を読み、お子さんや周りの方も注意してあげてください。

それで、放射能測定所に「新ヒバクシャの健康調査を一緒に進めましょう」と呼びかけたいと思っていて、実は、これは「みんなのデータサイト」の方には一度、呼びかけています。だから、被曝影響を、さっきも言いましたが、放射線の数値だけではなくて、その放射線を浴びて体がどうなったのかということの、お互いの聞き取りを増やして蓄積していく。さらにそれに対してどう対応したら、どういうふうに良くなったのかという、ここが大事なのですけれども、それをどうやって生き延びられるのかの知恵を一緒につかんでいきたい。それを知った方が、絶対に生き方が楽になるので、それを測定所のみなさんと一緒にやれたらと思っています。実際に、三田医師などが進めていることでもあるので、ぜひ、参照してください。

国連特別報告者ダマリーさんの訪日調査実現を

さらに、「国内避難民の人権に関する国連特別報告者に対する訪日調査を実現しよう！」ということです。セシリア・ダマリー（Cecilia Damary）さんという方をお呼びします（⑧③）。これは放射能の問題というよりも避難民の問題です。これは国内難民問題なのだから、政府がそれを認めて難民対策をまともにやりなさいと。そうでないと日本政府は人権を護っていないことになるというような勧告を出してもらうために、来ていただこうということです。

京都の原発賠償訴訟をやってきた方を中心に、弁護団の田辺保雄弁護士が代表で、副代表を測定所の代表の奥森さん、そして僕が担っています。ぜひ来年2022年の春ぐらいまでに（今は夏から秋が目標）来ていただいて、国内避難民の問題という形で福島原発事故のことに焦点を当てたいと考えています。

原発を止める運動の強化を

それから、原発を止めようということです（⑧④）。これは「勝てば止まる！」という裁判のチラシで、僕は11月４日に広島地裁に行ったのですよ。「樋口

⑧③

理論」で伊方原発を仮処分裁判で止めようとしたのです。難しいことは言わないで、ハウスメーカーの家よりも伊方原発は耐震性が弱いから止めるのだと（85）。

でも、まさかの敗訴だったのです。実は、少し前に樋口さんから電話がかかってきて、「いい判決が出ますよ。私はきわめて楽観しています」ということで、「じゃあ、僕も行きます」ということで行って、楽しみにしていたら、まさかの敗訴で、本当にでたらめな決定でした（86）。樋口さんと一緒に新幹線で帰ってきて、樋口さんは10分ごとに「まさか、あんなことを出す裁判所があるとは」とおっしゃっていました。

先ほど触れた青年法律家協会での講演で、樋口さんはこう言いました。「弁護士の皆さんは、よく『あの裁判長はいい、あの裁判長は悪い』と言われるが、僕は『能力のない裁判長は、よく争点がわからないから、ちゃんと丁寧に説明してあげないといい判決を出さない』と思ってきました。今回初めて、本当に悪い裁判官がいるんだということを知りました」と（笑）（87）。

樋口さんは、こうも言いました。「私は、裁判の後に左遷されたというふうに言われています。勇気を持って国家権力に立ち向かったと言われていますが、それは間違いです」と。「私は、あんな恐ろしいものを止めない勇気はありませんでした」と言っていました。また、「私は出世を求めていなかったので、左遷という意味はありません」、「だけど、仮に私が出世を目指していたとしても、私はあの原発を止めました。なぜならば、私が出世しようとしている裁判所がなくなってしまうかもしれないからです。それが原発事故です」というふうにおっしゃいました。まあ、樋口さんは２週間ぐらい、すごく傷ついて悶絶する中で、このパワーある言葉を編み出してくださったので、実は、一緒にちょっと本をつくろうと思って、今はその準備をしています。

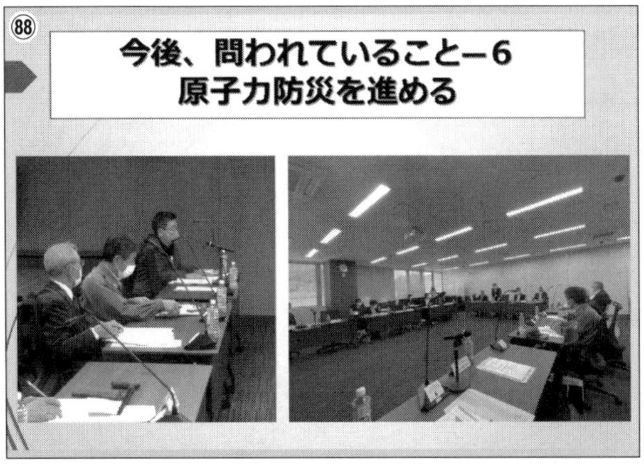

原子力防災を進めよう

最後に、原子力防災を進めようということです(⑧⑧)。僕は丹波篠山の原子力災害対策検討委員会の委員をしていますけれども、さらに「米原の原子力防災を考える市民委員会」のアドバイザーになって、来年の春（2022年３月末）までに、学校にまずは安定ヨウ素剤を備蓄しようということを進めています（すでに実施されました)。

同じく学校備蓄をしようとしているのは彦根市です。彦根市は、自民党の議員の方が積極的に動いています。この問題は保守の垣根を越えるのですよ。さらに、多賀町、甲良町、豊郷町、愛荘町が、個別配布まで進みそうな勢いです。その上に、さらに日

野町とか竜王町が検討を始めようとしていて、さらに守山市でも市民がずっと交渉をしています(⑧⑨)。

そのことが、例えば滋賀県で言えば、長浜市とか高島市は原発から30キロ圏内に入ってしまうので、なかなかやりにくいのですよ。国の縛りがすごくかかるので、地域の行政が勝手に対策を立てられないという縛りがあって。でも長浜でもすごく頑張った動きがあるし、福井でもすごい頑張りがあります。だから、そのそばの滋賀で、いくつかの行政体がいっぺんに動けば、すごく大きな影響力がある。一つの事件になると思います。

僕は丹波篠山市の次を作りたくてすごく頑張ってきたのだけれども、ここまで５年かかりました。５年間かかって２番目の自治体ができたと思ったら、さらにいくつかが一緒に歩みだしているという感じです。だから、これで大きく流れを変えられれば、やはり原発は危ない、備えなければいけないのだという声を強めることができると思います。

それを促進させるために、この丹波篠山のハンドブックを使っていただきたいです(⑨⓪)。京都市でもつい最近ヨウ素剤の配布から自主配布会をやりました。それに向けYouTubeで説明会を行ったので、これなども見て活用してください(⑨①)。

それで、奥森さん、ぜひ京都の市民放射能測定所で安定ヨウ素剤配布会をやりましょうよ。医療問題研究会の先生方に頼めばすぐにできると思うし、奈良の測定所では、クローズドですけれどもやっていますよ。なので、これはすぐにもできると思うので、一緒にやっていきたいと思います。

人への優しさでつながろう

最後に、今「問われていること」として、「心のこもったつながりを広げる」ということを言いたいです。広島の体験を、どうやって自分たちが受け止めていくのか。また、どう伝えていくのかという点で、僕もやはりすごく苦しみました。ものすごくたくさんの被爆体験を読みましたけれども、読めば読むだけ、自分の中で「あの時」がリアルに再現できてしまうのですよね。苦しいですよ。苦しいし辛い

し、こちらの体も悪くなることもあります。それを人に伝えるのはどうなのか。とくに子どもにどうやって伝えたらいいのか、ずっと考えてきたのです。

その考えの中で木原省治さんという方が『僕のヒロシマノート』という本の中で書いている文章と出会ったのですが、自分の思っていることと全く一緒だったのです（92）。彼が言っているのは、「悲劇とか怒り」を基礎として、その到達点にある「優しさ」を伝えたいのだと。本当に広島の惨劇をずっと見ていると「ひどかったね」「辛かったね」「悲しかったね」「もうそんな思いはさせないからね」「あなたたちの痛みをきっと癒すからね」という思いが、こんこんと湧き上がってきます。それが多くの方の中に起こるのです。だから、広島・長崎の人々も、それに触れた人びとも、誰も報復しようとか、そんなことは思っていません。「優しさ」とか「愛」とか、そういうものを手にして欲しいというのが広島・長崎の心だなあと僕は思っています。

それらのことを、小浜の中嶌哲演さんとも対談してお話ししましょうと言っているのですけれども、「ああ、なるほど、これが慈悲の心なのだなあ」というふうに僕は思うようになって、「慈悲」って「悲」しみを「慈」しむと書いているんですよね。だから、その悲しみを知ることの中から、多くの人が幸せになっていく道を見いだしていくのが、本当に広島・長崎の体験からつかみ取ることであって、そのためにも、被爆二世のアンケートなども進めて、前に進んでいきたいと思っています。その流れを僕は世界中のヒバクシャの方がそれを待っていても下さっていると思っています。だから必ずこれは大きな流れになると思います。

ちなみに、イギリス在住のある方が、皆さんが知っている方で、今日も聞いて下さっていると思うのですが、こう言ってくださいましたよ。ヨーロッパではCOP26とかがあって、原子力派がものすごく出てきて大変なことになっているそうです。その中で、「放射能の問題、原発の問題、被爆の問題で、一番頑張れているのは日本ではないか。自分は日本の仲間の方たちの頑張りを見ていると、そういうふうに感じるし、それが世界の希望ではないか」と言って下さいました。僕もそう思います。

だから頑張りたい。そのためには、最後に言いたいのは、放射能の問題でも、コロナの問題でも、僕らはたびたび分断されて、その解釈の違いから激しい争いに入ってしまって、お互いを責めるとことがすごく強くあったと思うのですよ。それを超えて、お互いの立場を理解し合って、お互いに対して寛容

になって、そして、一致点を作っていくことを一緒に探っていきたい。その意味で、この放射能という暴力に対して、暴力を対置して超えるのではなくて、本当に人間の優しさ、愛を対置して超えなければこれは超えられないし、その時こそ、超えることが可能なのだと思います。

今話した話をこの『AFTER TEN YEARS』（93 94）に書きました。それから『放射線副読本　すっきり読み解きBOOK』を書いた津軽三味線の奏者の蝦名宇摩さん、この方も避難者の方です。この方の演奏含め、QRコードから見ていただければいいと思います（94）。

本当に私たち民衆の側が、優しく力強いパワーを持って、その下でこの被害を超えて、より豊かな未来を作るために一緒に頑張っていきましょう。

どうもありがとうございました。

Ⅱ 福島原発処理汚染水海洋放出の危険性

於　2021年６月19日（土）　本澄寺本堂（高槻市上牧町）
高槻・市民放射能測定所８周年のつどい

プロフィール

森永　徹　（もりなが　とおる）
シニアフレンズ福岡ボランティア講師（保健・医療分野）
元・純真短期大学〔健康科学〕医学博士

福島第一原発の処理水を海洋放出、政府が方針を正式決定

政府は2021年４月13日、東京電力福島第一原発の処理水について関係閣僚会議を開き、海洋放出することを正式に決めました。福島第一原発ではいまも汚染水が増えています。東電は、多核種除去設備（ALPS〈アルプス〉）で処理してタンクに保管していますが、2022年秋以降には満水になる見通しだと言っています。

タンク増設の余地は限定的などとして、海洋放出の必要性を強調しています。「処理済み汚染水はアルプスで再び処理し、海水で薄める。放射性物質の濃度を法令の基準より十分低くした処理水にしたうえで、海に流す。政府は東電に約２年後をめどに放出を始められるように、設備の設置などを求める」（朝日新聞デジタル、2021年４月13日より）というわけです。

海洋放出への地元の根強い反対

経産省がコロナ禍の2020年４月に開始した『関係者のご意見を伺う場』は、同年10月８日までに７回もたれました。その第７回では、全国漁業協同組合連合会（全漁連）と福島県水産加工業連合会が海洋放出に絶対反対の意思を表明しました。

福島県内では全自治体の７割を超す44自治体が処分方法をめぐって決議や意見書が可決されており、その大多数が海洋放出反対や慎重な対応を求める内容です。

また、福島県内の団体が呼びかけて経産省に提出された海洋放出反対署名は42万人を超えています。

（筒井哲郎［プラント技術者］「汚染水の海洋放出は必要ない――デブリ保管をめぐって」『世界』2021年２月号、岩波書店より引用）

福島原発処理汚染水とはどういうものか

福島第一原発の汚染水について、東電の説明はこうなっています。

「原子炉を冷やすために注入した水や、山側から海側に流れている地下水が、原子炉建屋等に流れ込み、溶融した燃料に直接触れたり、原子炉建屋内等に溜まっている放射性物質を含む水と混ざることな

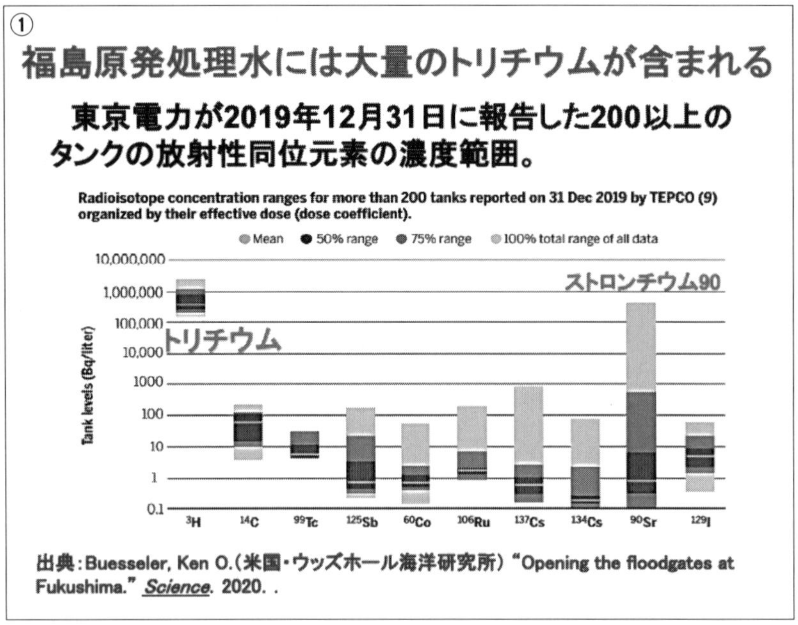

出典：Buesseler, Ken O.（米国・ウッズホール海洋研究所）"Opening the floodgates at Fukushima." *Science*. 2020. .

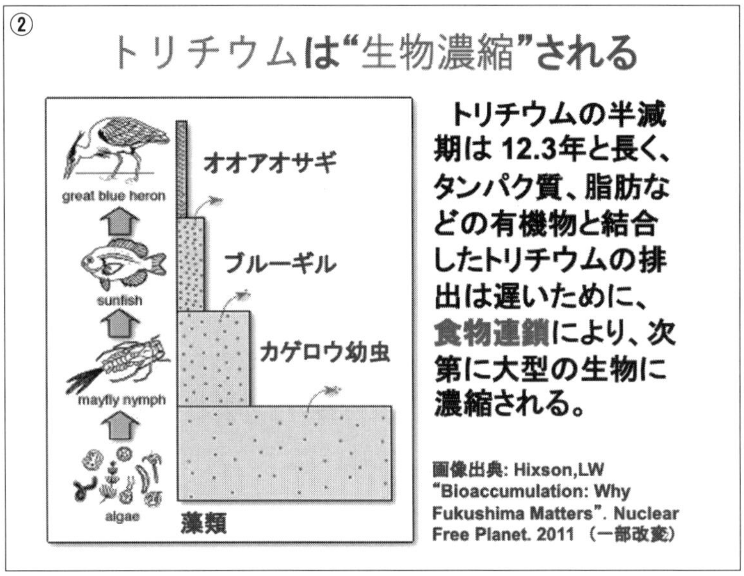

画像出典：Hixson,LW "Bioaccumulation: Why Fukushima Matters". Nuclear Free Planet. 2011 （一部改変）

どで汚染水となります」

「汚染水は段階的に放射性物質を取り除き、リスク低減を行った上で、敷地内のタンクに保管しています」

ところが、東京電力が2019年12月に報告した200以上のタンクの放射性同位元素の濃度範囲は、①の通りです。

トリチウムは全然取り除けてないんですね。ストロンチウムは平均値は低いのですが、高い濃度のタンクも結構あるんです。こういうものなんです。

汚染水、浄化後も基準２万倍の放射性物質

この汚染水について、東京電力は2018年９月28日にこう説明しています。

「一部のタンクから放出基準値の最大約２万倍にあたる放射性物質が検出されていた」「浄化されたはずの汚染水約89万トンのうち、８割超にあたる約75万トンが基準を上回っていた」「東電や経済産業省によると、多核種除去設備（ALPS）で処理した汚染水を分析したところ、一部のタンクの汚染水から、ストロンチウム90などが基準値の約２万倍にあたる１リットルあたり約60万ベクレルの濃度で検出された」（『朝日新聞』2018年９月28日より引用）

トリチウム以外のものも取り除けてないということなんですね。

トリチウムは生物の体内に蓄積しないか

厚生労働省も資源エネルギー庁もトリチウムは体内に蓄積しないとしています。そして、トリチウムは生物濃縮されないと唱える研究者もいます。

しかし、②の通り、最初は藻類、それをカゲロウの幼虫が食べて、魚が食べて、アオサギが食べれば、どんどん濃縮されていくんです。

トリチウムの半減期は 12.3年と長く、タンパク質、脂肪などの有機物と結合したトリチウムの排出

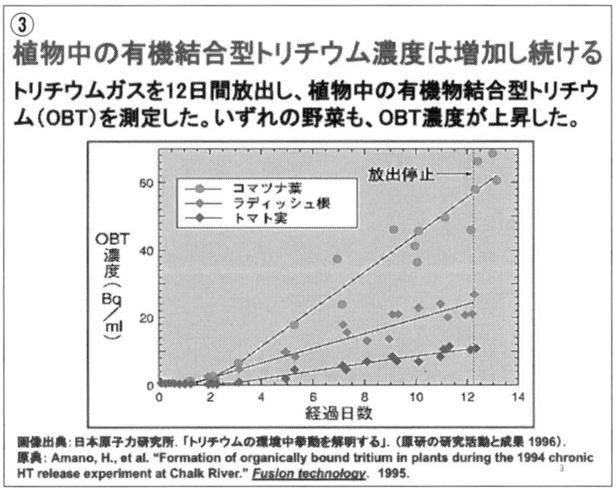

画像出典：日本原子力研究所.「トリチウムの環境中挙動を解明する」.（原研の研究活動と成果 1996）.
原典：Amano, H., et al. "Formation of organically bound tritium in plants during the 1994 chronic HT release experiment at Chalk River." *Fusion technology*. 1995.

は遅いために、食物連鎖により、次第に大型の生物に濃縮されるのです。

植物中の有機結合型トリチウム濃度は増加し続ける

こういう実験結果もあります（③）。

トリチウムガスを12日間放出し、植物中の有機物結合型トリチウム（OBT）を測定したら、いずれの野菜も、OBT濃度が上昇したんです。

有機物結合トリチウムは生体に残留する

トリチウム水を投与された母マウスが授乳した仔マウスの体内のトリチウムは長期間、残留するという実験結果もあります。したがって、持続的にトリチウムに曝露されれば生体内に溜まり続ける。つまり、生物濃縮されるんです（④）。

トリチウムの代わりに重水素を使って実験したものもあります。アナアオサとアワビを重水素入りの海水で育てて、次に天然の海水で育ててどの程度排出されるのかを測定したものです（⑤〜⑧）。重水素が平衡状態になるまで生物濃縮されたことを示しています。

また、ハンガリーのPask原発の周辺水域の魚介類からはトリチウムが検出された事例もあります。原発の温水排水口の上流と下流で、巻貝、ドブ貝、肉食・雑食魚類の有機物結合トリチウムを測定したら、下流では有意な上昇を示しました。

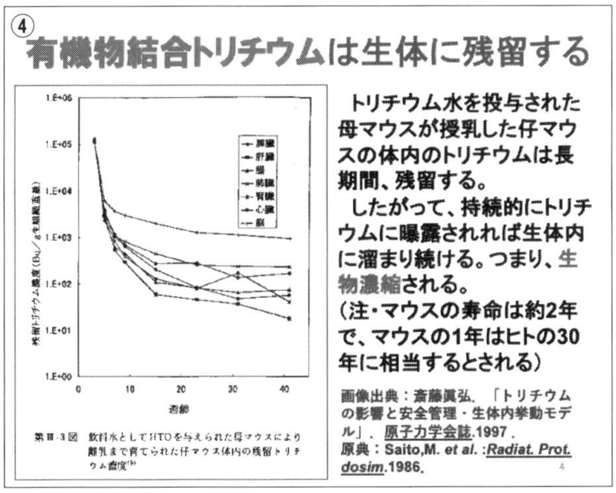

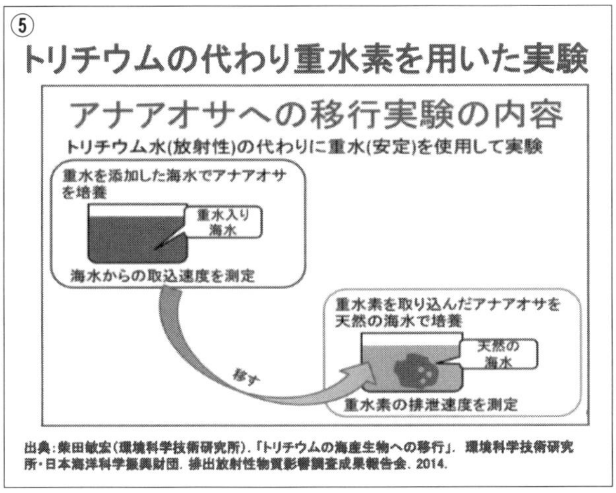

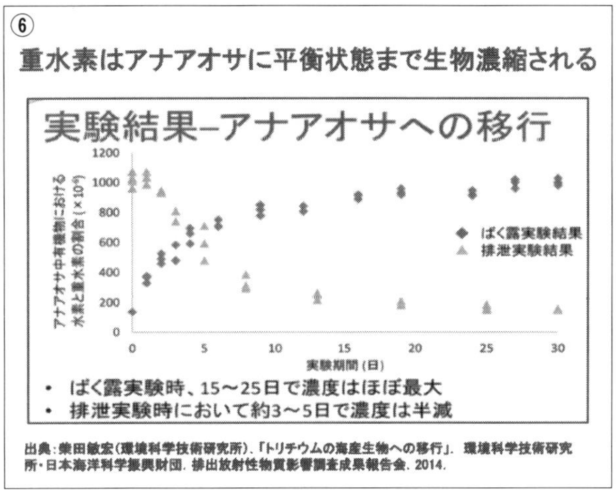

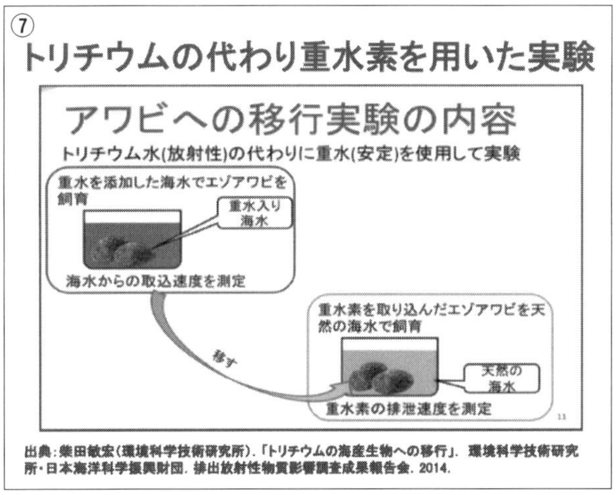

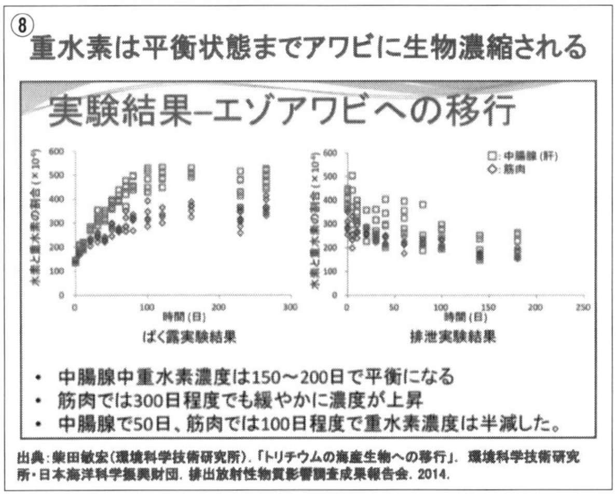

英国で、複数の原発の排水が集積するセバーン川河口とブリストル海峡（湾）で、ヒバマタ属海藻、ムール貝、カレイのトリチウム濃度を測定したら、それぞれ600、2,000、100,000Bq/kg（乾燥重量）でした。海水のトリチウム濃度は約10Bq/kgですから、これらは生物蓄積の結果です。

トリチウムの生物への影響

トリチウムの健康被害としては、すでに1960年代のスイスの夜光塗料を使用しているダイアルペインター２名の死亡例が報告されています。
(Seelentag, W. “Two cases of tritium fatality.” Tritium. 1973)

ユスリカ幼生・魚類の染色体異常、マウスの白血病を誘発

また、動物実験では、トリチウムは濃度依存的にユスリカ幼生の染色体異常を誘発すること（Blaylock, B.G. Proc. Third Nat.Symp.Radioecol. 1971）、魚類ではトリチウムの濃度依存的に染色体の異常である「染色体橋」の頻度が増加する（須山一兵，江藤久美.日本原子力学会誌，1981）ことが報告されています。トリチウムはマウスの白血病を誘発する傾向があるという研究（Daher A, et al. Carcinogenesis. 1998）もあります（⑨⑩）。

ヒトを対象としたトリチウムの健康影響に関する疫学研究

1950～2002年、サバンナ川流域での労働者の白血病死亡率は、累積被ばく線量に従い高くなるというデータがあります。電離放射線の放射線量は、「外部被ばくとトリチウム摂取による内部被ばく」に着目しています（Richardson DB, Wing S.：Leukemia mortality among workers at the Savannah River Site. Am J Epidemiol. 2007.）。

カナダ・ピッカリングでは原発稼働後、小児の白血病死亡率が増加しました（上澤千尋.福島第一原

⑨ トリチウムは濃度依存的にユスリカ幼生の染色体異常を誘発する

第３表　ユスリカ幼生中に誘起された染色体異常の頻度(30)

トリチウム濃度 (μCi/ml)	推定線量 (rad)	次世代幼生の数	染色体異常の数	頻度 (%)
500	3,050	42	5	11.90
250	1,530	122	5	4.09
125	760	198	3	1.51
0.1	0.60	54	0	0
0.01	0.06	455	0	0
0.0	0.00	123	0	0

出典：須山一兵，江藤久美.「水生生物に対するトリチウム水の影響」. 原子力学会誌. 1981.（原典：Blaylock, B.G.: *Proc. Third Nat. Symp. Radioecol.*, 1971） 9

⑩ 魚類ではトリチウムの濃度依存的に染色体の異常、「染色体橋」頻度が増加する

第２表　トリチウム水中で誘起された染色体橋の頻度(25)(26)

生物種	濃度 (Ci/l)	全細胞数	染色体橋の数	頻度 (%)
マコガレイ	0	1,068	4	0.38
	0.1	1,028	6	0.58
	1	864	11	1.27
	10	940	52	5.53
メダカ	0	6,078	34	0.56
	0.1	2,214	20	0.90
	0.5	1,309	16	1.22
	1	2,115	22	1.04
	5	1,660	43	2.59
	10	1,565	43	2.75

出典：須山一兵，江藤久美.「水生生物に対するトリチウム水の影響」. 日本原子力学会誌. 1981.（原典：Suyama, I, *et al.* 1980．および idem. 1981） 10

⑪ 核燃料再処理施設から大量のトリチウムが放出される

英国セラフィールドの核燃料サイクル施設から放出された放射性核種の割合（1998～2002年の5年間の年平均値）

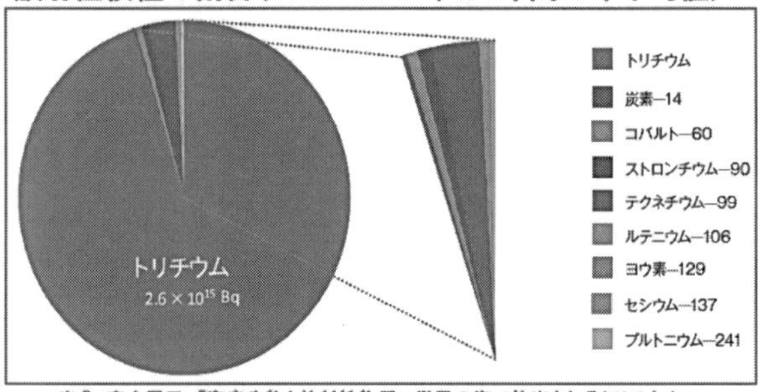

出典：宮本霧子.「海産生物と放射性物質 －世界の海で放出されるトリチウム－」. 海生研ニュース(海洋生物環境研究所). No.119. 2013 11

⑫ 英国・セラフィールド再処理工場に近づくにしたがって白血病発症の危険度が上昇する

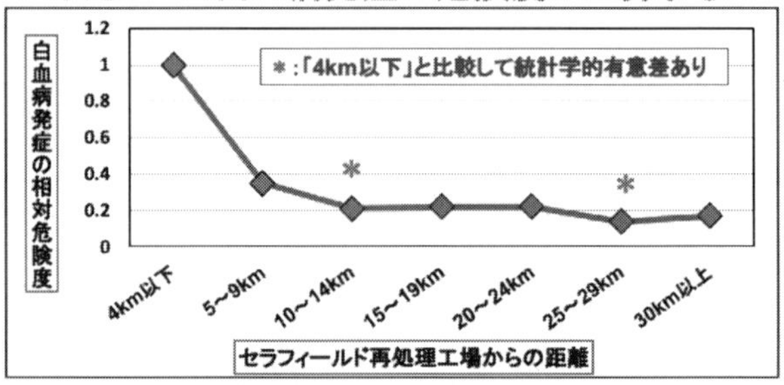

25歳未満の白血病発症の51人と非発症の350人のデータから、4km以下の発症危険度を1として、発症の相対危険度を比較した。

出典：Gardner, M. et al.“Results of case-control study of leukemia and lymphoma among young people near Sellafield nuclear plant in West Cumbria.” BMJ. 1990. 12

⑬

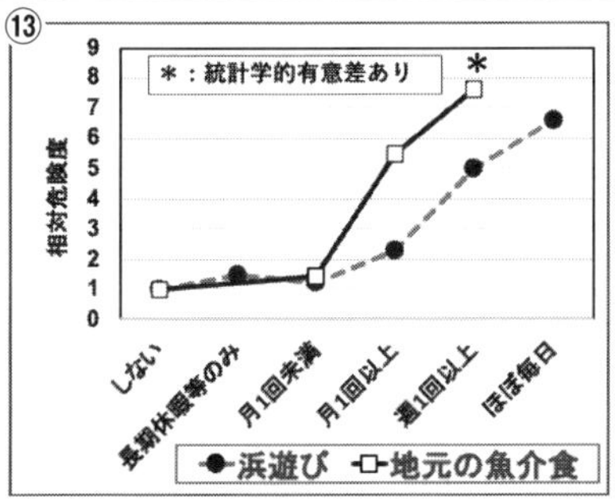

フランス、ラ・アーグ再処理工場周辺では、地元産の魚介類の摂取、浜遊びの頻度が高いほど白血病を発症しやすい

傾向検定の結果はともに　P=0.01

ラ・アーグ再処理工場から半径35km以内に居住し、25歳未満で1978〜93年に白血病を発症した27人と性、年齢等が同じ健常な192人の生活習慣を比較し、白血病発症の危険度を分析した。

出典：Pobel,D, & Viel,JF. "Case-control study of leukaemia among young people near La Hague nuclear reprocessing plant: the environmental hypothesis revisited." BMJ. 1997.

発のトリチウム汚染水. KAGAKU, 2013)。

英国・セラフィールド再処理工場では、工場に近づくにしたがって白血病発症の危険度が上昇しています（⑪⑫)。

フランス、ラ・アーグ再処理工場周辺では、地元産の魚介類の摂取、浜遊びの頻度が高いほど白血病を発症しやすいです（⑬)。

六ヶ所再処理工場からの年間トリチウム放出量と白血病の増加傾向

六ヶ所再処理工場では2006年からアクティブ試験を開始しました。2007年は１年で玄海原発18年分のトリチウムを六ヶ所再処理工場が放出したんですね（⑭)。

2003年からしか青森県が公開してないんでそれより先はないんですが、大量放出前の2007年までの５年間は白血病死亡が１人だけだったんですね。ところが大量放出後には９年間で８人も亡くなっている。これは明らかに増加傾向にあると言えると思います（⑮)。

⑮

六ヶ所村では2007年のトリチウム大量放出後に白血病死亡数が増加傾向にある

トリチウム大量放出前後の六ヶ所村の白血病死亡数の比較

	2003年	2004年	2005年	2006年	2007年
大量放出前	0	0	0	1	0

	2010年	2011年	2012年	2013年	2014年	2015年	2016年	2017年	2018年
大量放出後	1	1	1	1	0	0	0	1	3

データ出典：2003〜2018年 青森県保健統計年報　15

⑯

通常運転中の原発からの放射性物質の放出はトリチウム（放射性水素）が圧倒的に多いが、中でも玄海原発は全国一トリチウム放出量が多い（2002〜2012年合計）

	原発名	原発立地自治体	トリチウム放出量（テラBq）	放射性希ガス放出量（ギガBq）	放射性ヨウ素放出量（メガBq）
加圧水型	玄海原発	玄海町	826.0	1,880.6	12.54
	川内原発	薩摩川内市	413.0	186.2	0.16
	伊方原発	伊方町	586.0	2,043.0	1.906
	高浜原発	高浜町	574.8	1,355.8	1.754
	大飯原発	おおい町	768.0	1,954.3	194.17
沸騰水型	島根原発	松江市	4.3	N.D.	0.16
	柏崎刈羽原発	柏崎市 刈羽村	6.9	N.D.	47.4
	女川原発	女川町	0.2	5,820.0	28,000.0
	東通原発	東通村	0.7	N.D.	0.88

N.D.：not detectable，検出限界以下　（データ出典：原子力施設運転管理年報）

全国一放出量が多い玄海原発周辺では、白血病が増加

全国一放出量が多い玄海原発周辺では、白血病が増加しています。玄海原発は全国一トリチウム放出量が多いということですね（⑯)。

トリチウムは濃度限度だけが決まっていて、薄めればどれだけでも流していいことになっているんですね（⑰)。しかも、原発の安全審査におけるトリチウムの放出基準（規制値ではなく、単なる指標）は加圧水型と沸騰水型とでは20倍もの開きがある。住民の健康ではなく、原子炉の実態に合わせて基準が決められているんです（⑱)。

玄海町、唐津市、佐賀市と全国の白血病死亡率の推移を見てください。玄海原

⑭

六ヶ所再処理工場からの年間トリチウム放出量と全国一放出量が多い玄海原発および東通原発との比較

年度	2003	2004	2005	2006	2007	2008	2009	2010	2011	2012	総量
玄海原発（加圧水型）	95	73	[illegible]	[illegible]	[illegible]	[illegible]	[illegible]	[illegible]	56	[illegible]	735.0
東通原発（沸騰水型）	−	0.01	0.39	0.34	[illegible]	0.90	2.30	0.30	1.60	0.45	6.8
六ヶ所再処理工場	0.0076	0.0084	0.1714	[illegible]	1309.8	363.7	4.44	1.64	1.34	1.26	2178.4

2007年は1年で玄海原発18年分を放出

ウラン試験開始　アクティブ試験開始　単位はテラBq（兆ベクレル）

（データ出典：平成16〜25年版原子力施設運転管理年報）　14

⑰
トリチウム排出の濃度だけが規制されている。つまり、薄めればどれだけでも流していいこととなっている

「実用発電用原子炉の設置、運転等に関する規則の規定に基づく線量限度等を定める告示」
（平成13年、最終改正：平成25年）（経済産業省告示）

周辺監視区域外の空気中の濃度限度	5×10^{-3}（Bq/cm3）	〔0.005（Bq/cm^3）〕
周辺監視区域外の水中の濃度限度	6×10^{1}（Bq/cm3）	〔60（Bq/cm^3）〕

⑱
原発の安全審査におけるトリチウムの放出基準（規制値ではなく、単なる指標）は加圧水型と沸騰水型とでは20倍もの開きがある。
住民の健康ではなく、原子炉の実態に合わせて基準が決められている。

「発電用軽水型原子炉施設の安全審査における一般公衆の線量等量評価について」
（平成元年）（原子力安全委員会了承）

「3-1　年間平均放出率
トリチウム以外の核種の合計年間放出量は、3.7×10^{10}Bq/yとした。トリチウムは、BWRについては3.7×10^{12}Bq/y、PWRについては7.4×10^{13}Bq/yとした」

⑲
玄海町、唐津市、佐賀市と全国の白血病死亡率の推移

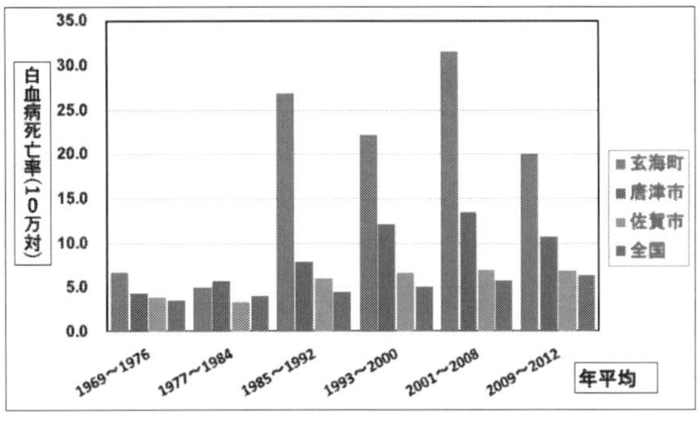

単年度で見ると、玄海町と唐津市では1983年から増加傾向がみられ、1985年からは高止まりしている。（データ出典：佐賀県人口動態統計）

⑳
玄海町では、稼働後に白血病死亡数が統計学的に有意に増加している

		1969	1970	1971	1972	1973	1974	1975	1976	1977	1978
玄海町	稼働前	1	1	0	0	2	0	0	0	0	0
	稼働後	0	6	1	2	4	0	0	1	2	2
		2003	2004	2005	2006	2007	2008	2009	2010	2011	2012

地図出典：マピオン．「佐賀県地図」

データ出典：佐賀県人口動態統計

t検定の結果	玄海町
	p=0.0124

t検定は2群間の数値が統計学的に増加あるいは減少しているといえるかの検定。通常、$p<0.05$、つまり、たまたま偶然にこのような数値になる確率が5%未満である場合を「統計学的に有意」という。

㉑
白血病死亡率で比較すると、玄海町は全国より極めて高い

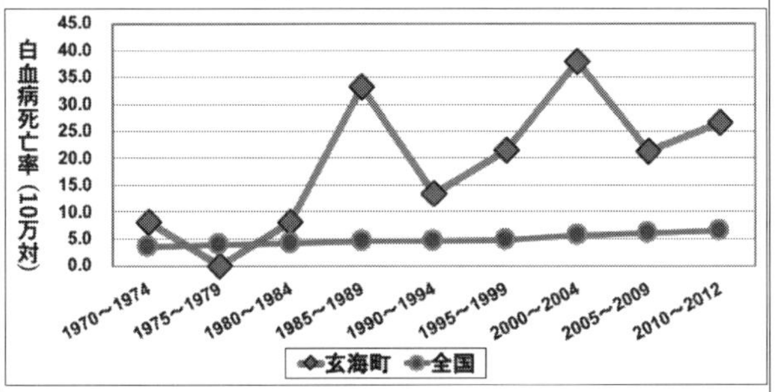

人口の増減があるため白血病死亡数ではなく、死亡率で比較するべきである。玄海町の増加は全国より極めて大きい。（それぞれ5年間の平均。2010～2012年のみ3年間の平均）　（データ出典：国勢調査・人口動態統計）

㉒
DNAに取り込まれたトリチウムは他のDNAを損傷するだけでなく、ベータ線を放出後にヘリウムに変わるために、DNAの元の分子構造も破壊する

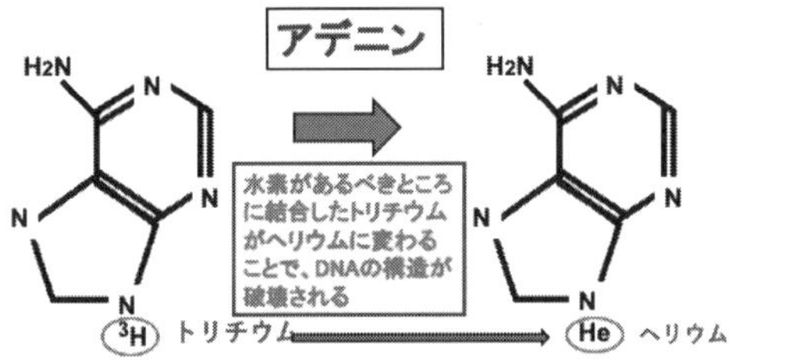

DNAを構成するアデニンの分子構造の変化の一例。ベータ線放出による他のDNAの損傷および自身のDNAの分子構造の破壊という二重の形で生体に損傷を与える。このためにがんを発症したり、遺伝的影響を起こしたりする危険性が生じる。

発稼働後、増えていますね（⑲）。

⑳は、玄海町だけを見たんですけれども。稼働後に白血病死亡数が統計学的にも有意に増加しています。ほぼ99％の確率で増加していると言えるということですね。全国と比較しても極めて高いです（㉑）。

DNAに取り込まれたトリチウムは分子構造も破壊する

トリチウムはベータ線を出してDNAを損傷するという危険もありますが、それだけじゃなくて、ベータ線を放出後にヘリウムに変わるんですね。だから物質が違うものになってしまうんですね。DNAを構成するアデニンがこういう風に変わったとすると、DNAの構造そのものが破壊されて、がんを発症したり、遺伝的影響を起こしたりする危険性が生じるということです（㉒）。

まとめ

以上みてきたように、トリチウムの生物濃縮を否定する研究者もいますが、実験や原発周辺の環境調査ではトリチウムの生物濃縮を示す研究も少なくないです。

さらに、トリチウム放出の多い原発や再処理工場周辺での疫学調査では白血病の多発が報告されています。

したがって、トリチウムを大量に含む福島原発処理汚染水の海洋放出が安全であると断定することはできません。

トリチウムは60年間保管すれば、濃度は3.4％にまで減少します。タンクが福島第一原発の境界のすぐ外側に設置されれば、スペースの不足を緩和することができるという指摘もあります（Buesseler K.O., Science. 2020）。

また、原子力市民委員会は「現在の千トン級のタンクから、石油備蓄基地などで使われている 10万トン級の大型タンクに置き換える」、グリーンピース・ジャパンは「陸上で長期保管し、並行してトリチウムを含む放射性核種の分離・回収技術を開発・適用する」ことを提案しています。筒井さんは「デブリの発熱量が2011年の10分の１になっており、空冷式にすれば汚染水を減少させることが可能」としています（筒井哲郎『世界』2021年２月号）。

問題点のある海洋放出ではない方策をとるべきです。

Ⅲ 福島甲状腺がん多発と放射線量との容量反応関係の分析、UNSCEAR2020批判

於　2021年５月23日（日）　ウイングス京都
　　京都・市民放射能測定所　開設９周年のつどい

プロフィール

山本英彦（やまもと　ひでひこ）

医師、医療問題研究会

医療問題研究会の山本です。福島甲状腺がん多発と放射線量との容量反応関係の分析、UNSCEAR（国連科学委員会）2020レポートへの批判というテーマで話をさせていただきます。

小児甲状腺がんの多発は続いている

福島の小児甲状腺がんに関する「第41回県民健康調査会議」が2021年５月17日に行われました。今５回目の検査が始まっていますが、５回目のデータはないので、４回目までの検査と、25歳のときの節目検診の結果を合計すると、255名の甲状腺がんが、原発事故当時18歳以下だった人たちに出ています（①）。そのほかに、福島医大で検査をしてがんがわかったという人が最低24名います。なので合計279名の人が小児甲状腺がんになったということになります。非常に多発が続いているということです。

②の左側は、第16回の甲状腺検査評価委員会に、国立がん研究センターの片野田先生が提出されたデータです。2008年から2017年まで「15歳から19歳」「20歳から24歳」「10歳から14歳」の５歳刻みにした福島県の甲状腺がん罹患率の推移で

①

福島の小児甲状腺がんは270名を超えた
第41回県民健康調査会議(2021年5月17日)までのデータ

	1次検査 対象者/受診者	甲状腺がん 良性除く	2次検査 対象者/受診者	穿刺吸引細胞診 実施者数
先行検査(1回目検査)	367637	115	2293	547
20180331	300472	(手術101)	2130	
本格検査1回目(2回目検査)	381244	71	2227	207
20180331	270540	(手術54)	1874	
本格検査2回目(3回目検査)	336670	31	1501	78
20200331	217921	(手術27)	1101	
本格検査3回目(4回目検査)	294242	30	1327	74
20200930	182856	(手術25)	741	
25歳時の節目検診	66637	8	281	16
20200930	5954	(手術6)	221	
合計	1446428	255	7592	922
	977743	(手術213)	6067	

上記以外に県民健康調査以外に福島医大で最低24名の症例あり、計279例以上となる

※手術213中低分化がん1名(鈴木真一氏によると3名)を含む

②

10–24歳は再増加傾向？がんデータの遅れ？

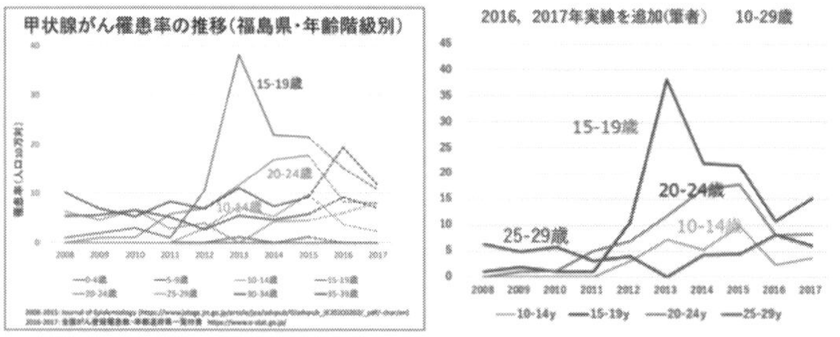

福島県甲状腺検査の評価の現状と課題
国立がん研究センター　片野田氏　より引用

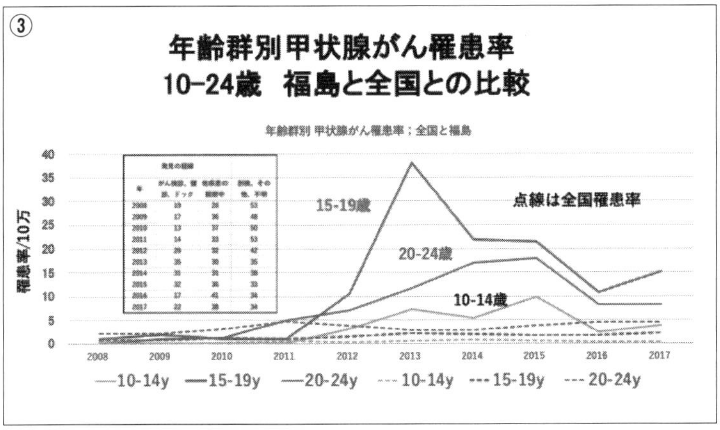

す。10万人あたり何人が「がん」になったかを見ています。2015年までが実線です。2016年、2017年は、まだこのときには結果が出ていなかったということで点線です。

2017年のデータがなぜか非常に遅れていて、今年2021年の３月か４月ぐらいにやっと出ました。2015年までは罹患率モニターということで国立がん研究センターが出していましたが、それが2015年で打ち切りになり、2016年からは別の統計が入るようになったので非常に遅れたというのが理由だそうです。けれども、2016年、2017年、2018年というのは非常に不都合なデータがあるので、なかなか出てこなかったんじゃないかと私は考えています。

2015年から2016年にかけて、「15歳から19歳」「20歳から24歳」はだいぶ減っているように見えますが、2017年のデータを追加すると「15歳から19歳」が再増加傾向かという状況で、「20歳から24歳」も平行移動というデータになっています。

③は、さっきの福島県のデータを全国平均と比べたものです。全国平均はほとんど年変化はないというデータです。

福島県のデータは、症状が出て発見するのではなくて、エコーで診断されるものが多いから多く見つかっていると言っている人もいます。けれども、③の左側の「発見の経緯」の表を見ていただきたい。これは2017年までの、どういう経緯で甲状腺がんが見つかったかという表です。がん検診、他の疾患の観察中に発見、それから死後解剖その他などに分けられてます。これを見ると、がん検診で見つかったとか、ほかの疾患の観察中に見つかったとか、要するにエコー検査で見つかったというのが５割を超えており、ほとんど年変化がない。そういう意味でも、福島では非常に精度の高いエコー検査をやるようになったから、多く見つかるようになったわけではないと思います。

放射線被ばくとの関連を認めなかった検討委員会

2019年10月に、この福島の小児甲状腺がんのデータに対して「県民健康調査」の検討委員会がどういう評価を下したのか、その評価に対して委員からどういう意見が出たかをお話しします。甲状腺検査をやる基本的なまとめの会議が部会です。その部会まとめは、「検査で発見された小児甲状腺がんは非常に多いように見えるけれども、被ばくとの関係は認められない」と、将来的な見通しに言及したものではないが、今のところそういう結論だと、書いてあります。

けれども、この部会まとめに対し、検討委員会の委員からはいろいろな意見がありました。

「UNSCEARの推測値を利用した解析による結論である旨の追加」をすべきとか、「甲状腺がんと甲状腺被ばくとの因果関係については、肯定・否定とも断言することができない」とか、「１回目と２回目を合わせた甲状腺がん症例と被ばく線量との関連についての分析が必要」とかです。もう１つは、「先行検査の時点で利用した４地域の比較についての検討が必要」という委員もいたわけです。

医療問題研究会が行った分析
*Medicine*に論文掲載

だから、甲状腺がん多発については「放射能汚染によるものなのか」、あるいは「放射能と無関係」なのか、論議になっています。多くの人を対象にした検査のスクリーニング効果や過剰診断だから、結果として多発ではなかったという主張もあったわけです。

実は私たち医療問題研究会では、チェルノブイリでも問題になったのですが、福島においてもこの点

④

メディシン論文の背景と必要性

甲状腺がんの多発については、放射能汚染によるのか、あるいは放射能と無関係に多くの人を対象にしたスクリーニングの効果や過剰診断により、結果として多発でないという論議がある

- 甲状腺がんの多発が福島原発事故による放射能汚染によって引き起こされたのかを量的に検討する必要がある
- Medicineに論文投稿、やっと掲載。査読者とのやりとりなど18pになった

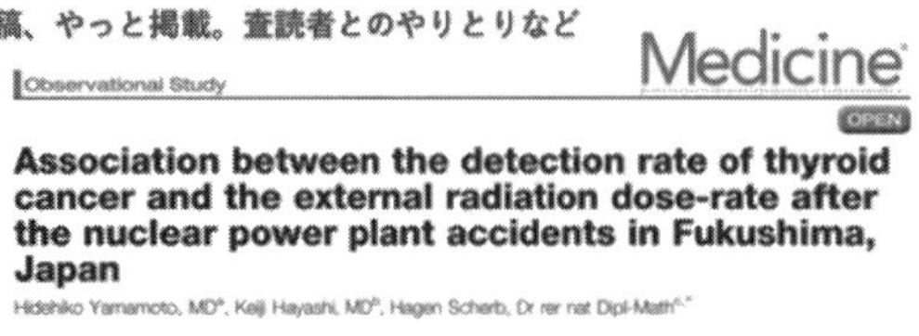

が問題になるだろうと考えてました。だから、甲状腺がんの多発が原発事故によって、放射線汚染によって引き起こされたのかどうかを、量的に検討する必要があるということです。

それで、ドイツのハーゲン・シェアブ（Hagen Scherb）さんという、非常に優れた方の援助を得ながら論文を出したのですが、１年前後かかって『Medicine（メディシン）』という雑誌に掲載が決まりました。最終的には18ページに及ぶ膨大な論文になりました（④）。

発症率で比べると事実が見えてきた

この論文の一番の価値は、非常に単純です。避難地域の甲状腺がんの頻度と、会津地方の頻度とを比べてみてください（⑤）。避難地域は、４万人に検査して14人がんが見つかりました。会津地域は、３万人に対して12人です。これを単純に割り算して有病率という形で比較すると10万人に対して33人と35人で、会津のほうが多いわけです。

⑤

有病率にする疑問…….
観察期間を同じにする(=人年)と避難地域は会津より明らかに甲状腺がんが多い
この論文は人年罹患頻度での評価をしたことに値打

地域	先行検査一次受診総数	先行甲状腺がん数	先行有病率：10万対	先行人年	先行発症率：10万対
避難地域(G1)	41811	14	33.5	35020	40.0
中通り(G2)	169157	65	38.4	290624	22.4
いわき相双(G3)	55788	24	43	121946	19.7
会津(G4)	33720	12	35.6	92631	13.0

これは非常におかしい。要するに、どれだけの期間で甲状腺がんが出ているのか、そこに着目しないといけない。実は避難地域は、実際は0.8年の期間で４万人に検査して14人出ている。会津地域は2.7年の期間に12人出ている。検査を行った期間が違うのに、これを同じ有病率という形で比較したらおかしいのではないかということです。

だから、「人年」という、人数と何年観察したかというのを掛け合わせたものを分母として、密度を見ればいいのです。それを「罹患率」と言ったり、「発症率」と言ったりしますが、そういうふうに見ると、避難地域は10万人に対して40人です。会津は13人です。こういう形で避難地域、中通り、いわき、会津を比較すると、その地域の放射線量に応じて罹患が違ってくるというデータが出たのです。

問題になるのは、実際に線量を何でもって測るかということです。日本の文科省が2011年６月から８月までの２か月間で福島県内の1710カ所を測ったデータをUNSCEARが発表しています。「AttachmentC-7」です。

それで見ると、一番高いのが避難した地域です。その次が中通りです。３番目が浜通り、最後が会津地域です。非常にリーズナブルな分け方だと思うんですが、こういうふうに線量を区切るわけです。

実際の罹患率、どれだけの人が甲状腺がんに罹ったかということと、市町村ごとの線量がどういう関係にあるかを見ると、この通り線量に応じて罹患が増えていることがわかります。そういう容量反応関係が、きっちり取れたわけです。それを59市町村に

⑥

【結果１】UNSCEAR/MEXTによる1710箇所の甲状腺実効線量(空間線量)と参考10群分け(UNSCEAR AttachmentC-7)

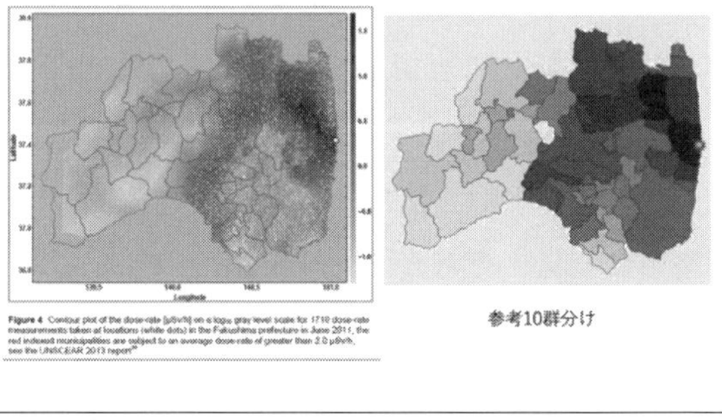

⑦

【結果2】実効線量率と検出率のポアソン回帰

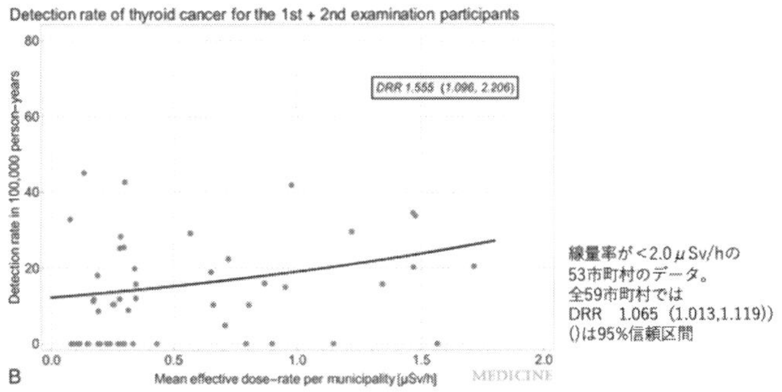

⑧

【結果3】 線量別10分類の回帰

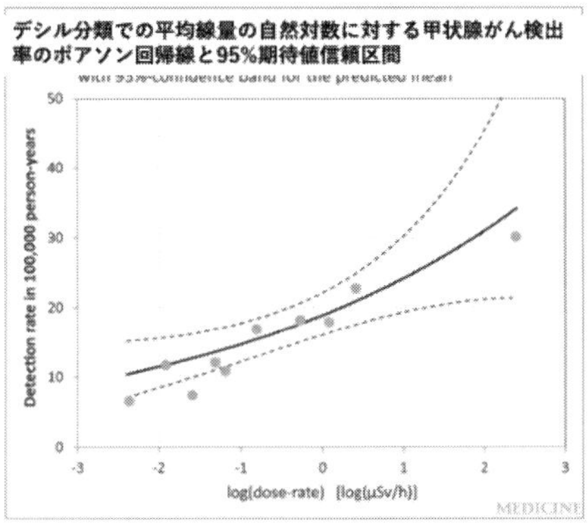

デシル分類での平均線量の常用対数に対する1巡目、2巡目の両者のラウンドをCombinedさせた10万当たりの甲状腺がん検出率のポアソントレンドと95%信頼区間

分けてやってみても、同じような形で容量反応関係が出てきます（⑥）。

結論としては、福島59市町村における甲状腺がんの発症率と放射線量について有意な容量反応関係を示したということです（⑦）。これは毎時1μSv（マイクロシーベルト）で、これだけの人が甲状腺がんに罹りましたよという数字を出してます。結局、福島原発事故による放射線量は、小児および青年の甲状腺がん検出率と正の関係にあります（⑧）。

これは、原子力事故とその後の放射線がん発生との因果関係を提供しているチェルノブイリなどのデータと、これまでの研究を裏づけるものでもあるということです（⑨）。

出てきた批判1
スクリーニング効果論

ところが、やっぱり私たちのこういう論文が出ると非常に困る人たちが多いわけで、いろんな疑問とか難癖とかが出ています。

まず1つは、甲状腺がん多発というのは、エコー実施によるスクリーニング効果、あるいは、過剰診断ではないかという主張です。これに対し、ザブロツカ（Zablotska）という人が、「1回目のスクリーニングと2回目のスクリーニング双方で、容量反応関係が示されている。放射線の影響ははっきり示されている。あるかないかわからないようなスクリーニング効果よりも、こっちのほうがずっと大きいのではないか」と評価し、私たちの考えを支持してくれています。

そして国立がん研究所の津金さんは、「甲状腺がんを早期に診断したことによる上乗せ（いわゆるスクリーニング効果）だけで解釈することは困難である」と述べています。津金さんは、福島で見いだされた18歳までの甲状腺がんの数というのは、（この時点で）100名を超えていて、普通の状態であったら40歳まで生きた時のがんの数に匹敵するぐらいだと言っています。今は270名ぐらい出ていますから、45歳とか、50歳とか、その近くに匹敵するまで達しているということになります。

そのほか、スクリーニング効果については、大隈貞嗣さんが今年2021年2月23日の『福島甲状腺がんの真相を明らかにするシンポジウム』（http://fukushimakyoto.namaste.jp/akiraka/event/20210223shinpo.html）で報告された資料が参考になります。

それから、もしスクリーニング効果というのがあるとすれば、市町村とか地方によってばらつきがあるのはおかしいですよね。地域の違いによる甲状腺がん発見率のばらつきがあることは先に述べまし

⑨

【メディシン論文の結論】

- 福島県59市町村における甲状腺がんの検出率と放射線量率は統計的に有意な容量反応関係を示した。
- 1μSv/h当たりの検出率1.065(95%信頼区間1.013、1.119)。線量が2μSv/h以下の53市町村に限るとこの地域には184名中176名のがんが見つかっているが、1μSv/h当たりのDRRは1.555(1.096,2.206)だった(DRR=detection rate ratio)。
- 福島原発事故による放射線被ばくは、小児および青年の甲状腺がん検出率と正の関連がある。
- これは原子力事故とその後の甲状腺がん発生との因果関係の証拠を提供する、これまでの研究を裏付けるものである。

⑩
【論点1-2】 4地域の違いによる甲状腺がん発見率のばらつきは過剰診断やスクリーニング効果では説明できない

第28回県民健康調査会議資料から

＜検査間隔による発見率の調整例＞

注2　先行検査と本格検査（検査２回目）両方の一次検査を受診した方を対象にしているため、先行検査未受診者１名を除いている。

1回目、2回目両方とも検査した人のデータ。
これまで公表なし。
一つのコホートとして分析ができる
メディシン論文の正確さがよくわかる

資料2-3

平成29年11月30日
福島県立医科大学
放射線医学県民健康管理センター

甲状腺検査【本格検査（検査２回目）】結果概要＜確定版＞資料
表11に対する検査間隔による発見率の調整例

た。過剰診断やスクリーニング効果では説明できないということです。第28回福島県民健康調査会議に出された福島県立医大の資料では、１回目と２回目の両方とも検査した人のデータが出されていて、線量の高い地域ほどがんの発見率が高いことが見事に示されています（⑩）。

出てきた批判２
線量が低すぎる？

もう一つは、線量が低すぎるのではないかという主張です。チェルノブイリに比べて線量が低すぎるのではないかということが一つと、もう一つは20mSvまでは大丈夫だろうという論理です。

実際には、Tokonami先生とか、Hurutaさんとか、Kimさんとか、Katnodaさんとかいう人が、それこそ被ばく線量が20mSvを超えて被曝した人たちに言及しているんですね。チェルノブイリに比べて少ないわけではないと思います（⑪）。

⑪
【論点2】線量が低すぎる？　線量を扱った論文の一部紹介

- **Tokonami　甲状腺等価線量は最大83mSv の可能性、2名の子供は21,23mSv。3月15日のプルームを4時間として推定。**
- **Furuta　6月1日までに東海研究開発センターで20mSvのレンジ。UNSCEAR2013のC-9 に同じ計算を適応すると100mSv。**
- **Kim　いわき市、双葉町、飯舘村の1歳児90パーセンタイル値を30mSvと推定**
- **Katanoda 沈着54日までの実効線量計算。小児5.1mSv、尿サンプル5名のI131からの甲状せん等価線量は27-66mSv。**
- **後述するJRR論文の図参照**

出てきた批判３
福島医大の実効線量を使うべきだ

論文を出している査読者のほうから、「線量評価というのは福島医大の実効線量を使うべきだ」という指摘もありました。福島医大で三つぐらい線量との関係に関わる論文を出しています。その医大が採用したアンケートによる外部実効線量を私たちがきちんと評価し直すと、結果的には、アンケートの線量でもいろんな反応関係が見えるということが出ました（⑫）。

⑫
【論点3-1】
査読者より;「線量評価は福島医大の実効線量を使うべき」について
アンケートによる医大採用の外部実効線量（Ohira）と私どもの実効線量の比較

アンケート線量とMedicine(MEXT /UNSCEAR)線量の関係

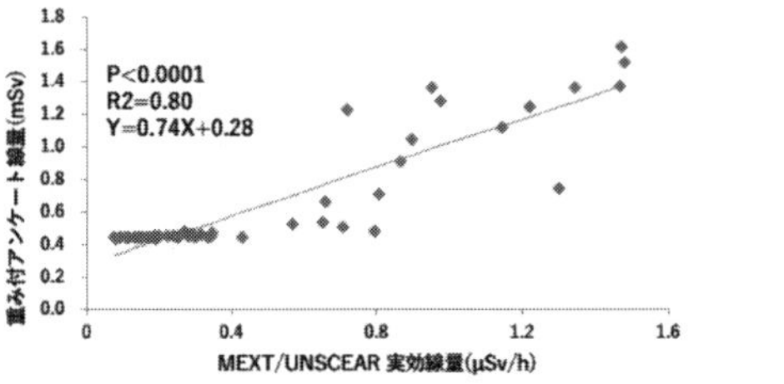

⑬
【論点3-2】アンケート線量、MEXT/UNSCEAR線量と検出率の回帰

1巡目、2巡目、Combinedでの 検出率と「MEXT線量、アンケート線量の2種類の線量」とのポアソン回帰。いずれの線量でも95%有意回帰を示す

Dose concept	screening	DRR	95%-CI	p-value
MEXT/UNSCEAR [μSv/h]	1st	1.847	(1.122, 3.040)	0.0158
	2nd	2.714	(1.413, 5.212)	0.0027
	combined	1.726	(1.155, 2.579)	0.0078
Questionnaire-based 4-months [mSv]	1st	1.622	(1.042, 2.524)	0.0321
	2nd	2.707	(1.473, 4.973)	0.0013
	combined	1.615	(1.132, 2.304)	0.0082

MEXT線量で<1.5μSv/hの51市町村でのデータ、<2.0μSv/hの53市町村、59全市町村でのデータも同様に有意ポアソン回帰を示す

これをもう少し詳しく述べます。私たちが用いた線量と医大アンケートが用いた線量とで、二つに分けます。そして１巡目、２巡目、Combind（両方一緒）にした検出率で比較しました。すると、いずれの線量でも、同じように有意な（容量反応関係ありの）結果が出たわけです（⑬）。

出てきた批判４
人年の使い方の間違い

私たちの論文に対して、人年の使い方の間違いがあるのではないかという批判が査読者からありました。「甲状腺がんの潜伏期間は大変長い。１巡目検査の時にすでにたくさんあったはず」とか、「２巡目検査は１巡目検査後から数えるべき。前方視野検査であり、２巡目で発見されるがんはすでに１巡目で検査しているはず」とか、「１巡目は有病率を比較し、２巡目は罹患率を比較すべき」とかいう批判です。そういうものが出ていたんですけれども、あまり最近は言われなくなりました。

一番基本的なことは、もともとスクリーニングしようがしまいが、18歳以下の甲状腺がんというのは非常に少ないことです。僕らも何十年も小児科医をやっていますけれども一度も見たことがない。そればかりか、横谷先生という福島医大の副学長になった方で、ずっと国立の小児病院の内分泌の部長をやっていた方も、ずっと何十年もやっていて一度も見たことがないというぐらい非常に少ないがんなのです。だから、１巡目検査で「元々たくさんあったがんを見つけた」というようなことはありえないだろうということなんですね。ですが、事故後の発生か、それ以前の発生かは区別できないので、その場合検出率を使う場合がありますので、私たちの論文では検出率を用いました（⑭）。

⑭
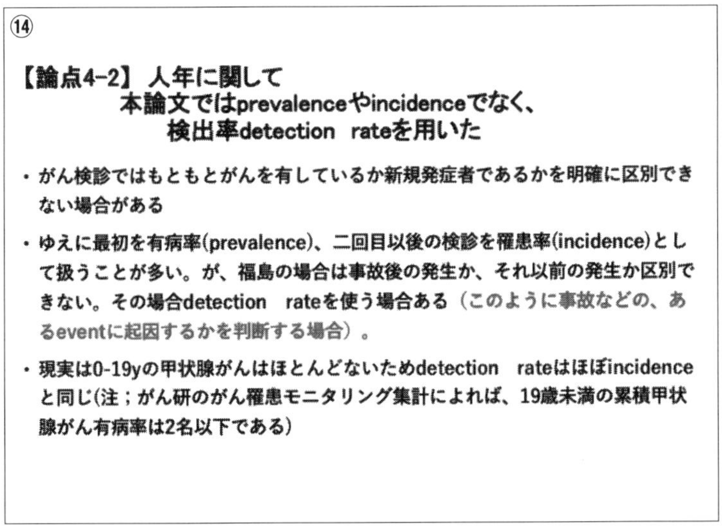

出てきた批判５

事故から１年以内のがんの出現は早すぎる？

福島で2011年３月に事故があって、2011年10月から検査を始めて、2012年の３月までにかなりの数のがんが見つかりました。そのことについて、原発事故から１年以内のがんの出現は早すぎるのではないかという批判です。チェルノブイリだって当時５歳以下の子どもからがんが見つかったのは、もっと後だったというわけです。

実は、チェルノブイリでは検査を始めたのが非常に遅かったということとなんです。初めから検査すれば、陽性の人は早く見つかっていただろうということです。

子どもは誘導期間とか潜伏期間とかは短く、ゼロ年もあり得るという文献が出ています（⑮）。小児甲状腺がんの誘導期間と潜伏期間というのは、最低１年という文献もあります。放射線によって起こる異常は、最初の照射時近傍で起こるという人もいます。ハワード（Howard）さんというアメリカの一番権威ある人は、甲状腺がんの最低の潜伏期間は、小児で平均１年だと言っています。

⑮
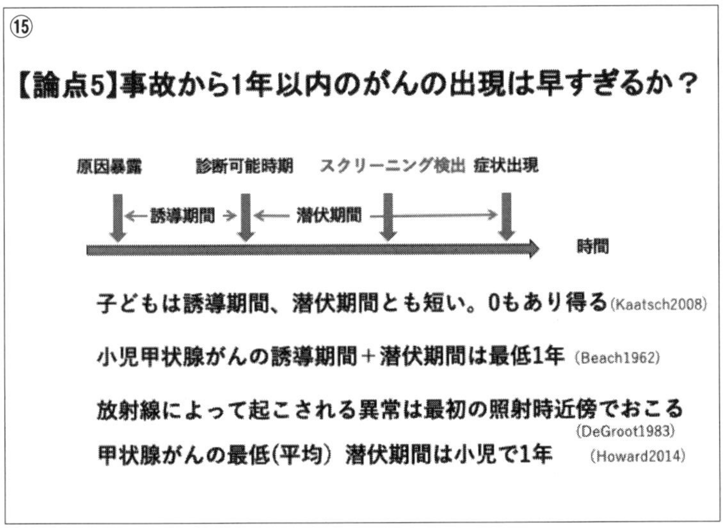

出てきた批判６

大平論文の問題

最近では、2020年に福島医大の大平教授が、UNSCEAR2013だと思いますが、AttachmentC16、18から吸収線量を用いて、２巡目の線量と甲状腺がんの関係はなかったという論文を出しています。我々の論文については、「避難シリナリオを加味した線量評価ではない」という形で批判してきています。⑯の左側が、私

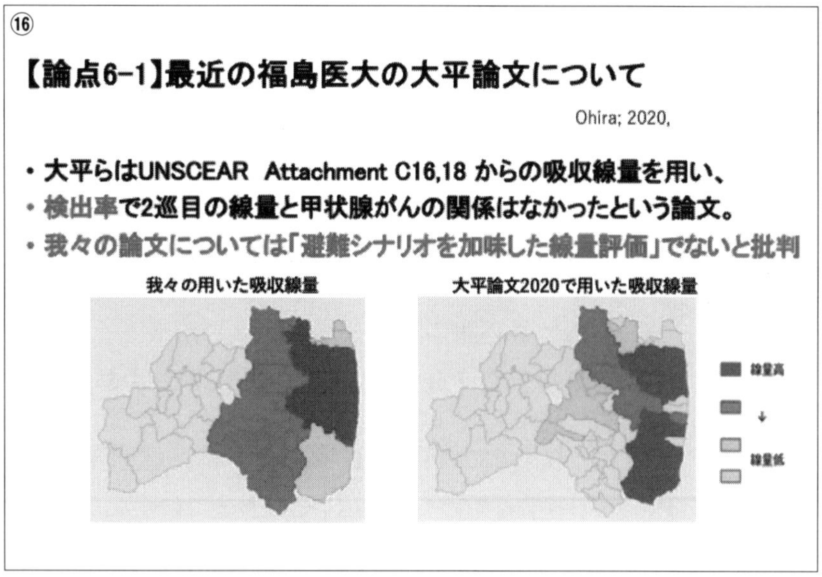

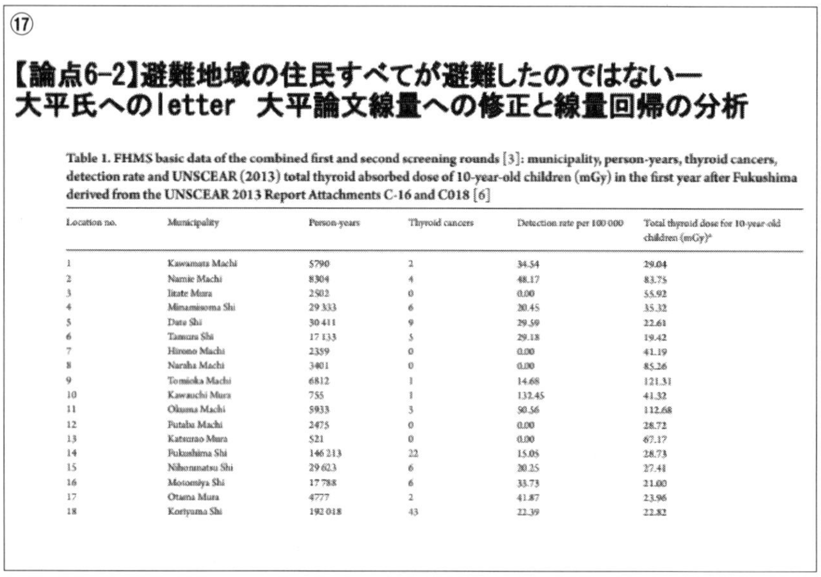
⑰

【論点6-2】避難地域の住民すべてが避難したのではない―
大平氏へのletter 大平論文線量への修正と線量回帰の分析

Table 1. FHMS basic data of the combined first and second screening rounds [3]: municipality, person-years, thyroid cancers, detection rate and UNSCEAR (2013) total thyroid absorbed dose of 10-year-old children (mGy) in the first year after Fukushima derived from the UNSCEAR 2013 Report Attachments C-16 and C018 [6]

Location no.	Municipality	Person-years	Thyroid cancers	Detection rate per 100 000	Total thyroid dose for 10-year-old children (mGy)[a]
1	Kawamata Machi	5790	2	34.54	29.04
2	Namie Machi	8304	4	48.17	83.75
3	Iitate Mura	2502	0	0.00	55.92
4	Minamisoma Shi	29 333	6	20.45	35.32
5	Date Shi	30 411	9	29.59	22.61
6	Tamura Shi	17 133	5	29.18	19.42
7	Hirono Machi	2359	0	0.00	41.19
8	Naraha Machi	3401	0	0.00	85.26
9	Tomioka Machi	6812	1	14.68	121.31
10	Kawauchi Mura	755	1	132.45	41.32
11	Okuma Machi	5933	3	50.56	112.68
12	Futaba Machi	2475	0	0.00	28.72
13	Katsurao Mura	521	0	0.00	67.17
14	Fukushima Shi	146 213	22	15.05	28.73
15	Nihonmatsu Shi	29 623	6	20.25	27.41
16	Motomiya Shi	17 788	6	33.73	21.00
17	Otama Mura	4777	2	41.87	23.96
18	Koriyama Shi	192 018	43	22.39	22.82

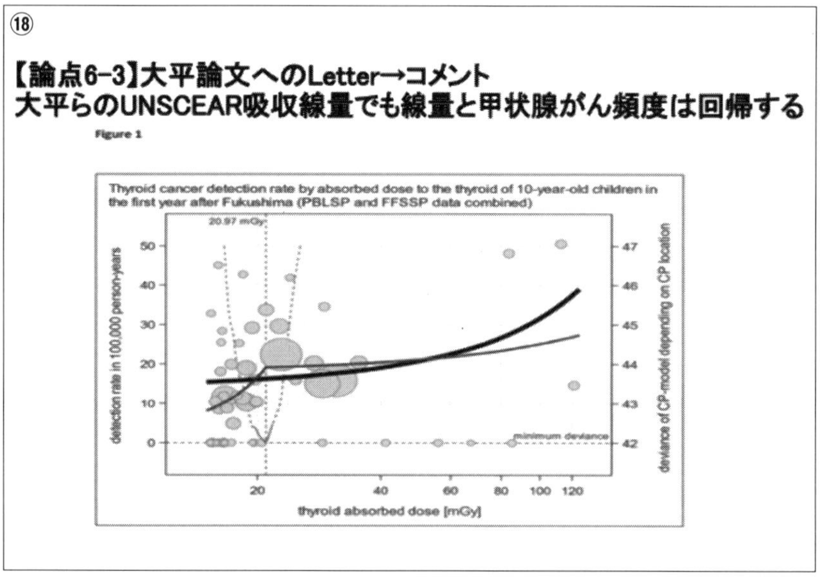

たちがUNSCEARのAttachmentC9に基づいて出した線量の地域分けです。避難地域が一番線量が多い。それから中通りが多くて、次が浜通りになって、最後が会津になっています。

これに対して、大平さんの出してきた吸収線量というのは、一番線量が多いのが避難地域といわき地域なんですね。避難地域でも、富岡町とかは少ない区域になっています。そのほか、本来は線量が多かった地域が非常に少なくなっています。そういう非常に不自然な形の分類になっています。

これに対しては、避難地域の人たちは全員避難しているのか、いわきの人たちが全員避難しなかったのか、実際はどの程度が避難したか、ということを引っくるめた線量評価をしないといけないのではないかと考え、またドイツ人のシェアブさんの力を借りて計算したわけです。

⑰が、僕らが実際の避難した人の割合を含めた線量を出して、それを大平さんの出した分類に従って計算した結果です。この黒線で見られるように、やっぱり彼らが出した吸収線量に応じたとしても、線量に応じて罹患率が出てくるという話になるわけです。

大平さんは2019年の９月か10月に論文を出したと思うんですけれども、その論文に対して、こういう反論のレターを書いたのです。⑱は、『Journal of Radiation Research』という雑誌に、９か月かかりましたが載りました。普通はこういう反論を出すと、論文を出した人に対して「これに対する反論を載せませんか」という連絡が届くわけです。しかし大平先生からは、反応が一切なかったんです。そういうことで、私たちのレターが５ページにわたる論文として掲載されました（⑲）。

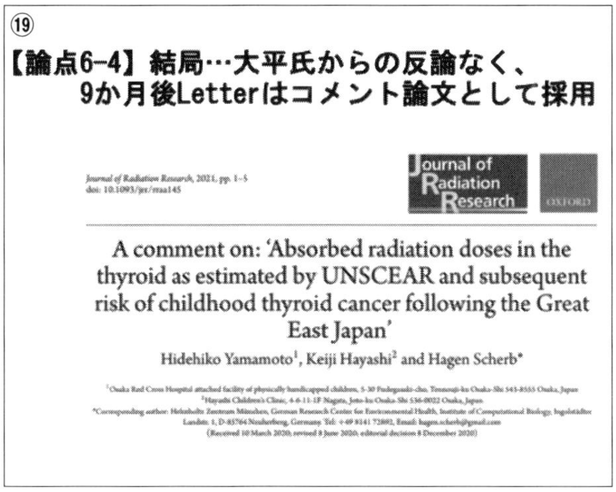

UNSCEAR2020レポートは、放射線被ばく影響を否定

それから、UNSCEAR2020の問題です。2021年３月９日にUNSCEAR2020のレポートが発表されました。それを見ると明確に、福島では「放射線関連のがん発生率の上昇は見られないと予測」したと書かれています。

子どもたちの甲状腺がんは、「増加の原因は放射線被ばくではない」とし、スクリーニング効果によるものであり、帰結としては、過剰診断によるとしています。線量はチェルノブイリよりもはるかに少ないため、先天異常や死産、早産などに対しても、健康異常は起こっていないとしています。さらに被ばく影響を主張した加藤さんの論文や私たちの論文への名指し批判を行ってきました。こういう学術関係の論文で、反対を剥き出しにしてくるというのは非常に珍しいですね。

放射線と無関係とした理由は、すでに言い尽くされたもの

UNSCEAR2020で、福島は甲状腺への吸収線量が少ないから放射線と無関係であると理由づけてますけれども、これは非常に言い尽くされた話です（⑳）。前述した通り20～30mSvの被ばくというのは少なくないのです。100mSv以下は低線量だと言うけれども、絶対的な低線量の基準はないです。

やっぱり一番重要なのは、低線量であろうがなかろうが、その中で容量反応関係が示されるかどうかが一番重要なことです。というのは、何mSvというのは物理量そのものではないので不完全になります。だから、実際にどういった被害があるかという実害を見るほうが非常に重要です。

放射線からの曝露期間が短すぎるというUNSCEARの主張に対しては、先ほど反論した通りです。５歳以下の小児がんが少ないという主張に対しては、この右側のチェルノブイリのがんのグラフを見ていただきたい。1990年から検査をしていますけれども、1986年に事故が起こった５年後くらいからなんです。実際にチェルノブイリで事故当時５歳以下だった人のがんの数が増えているのは、５年から10年過ぎてからですから、福島も今からですよと

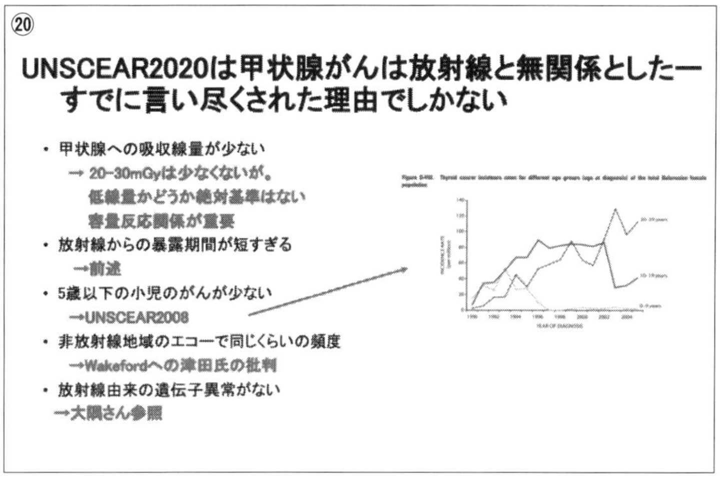

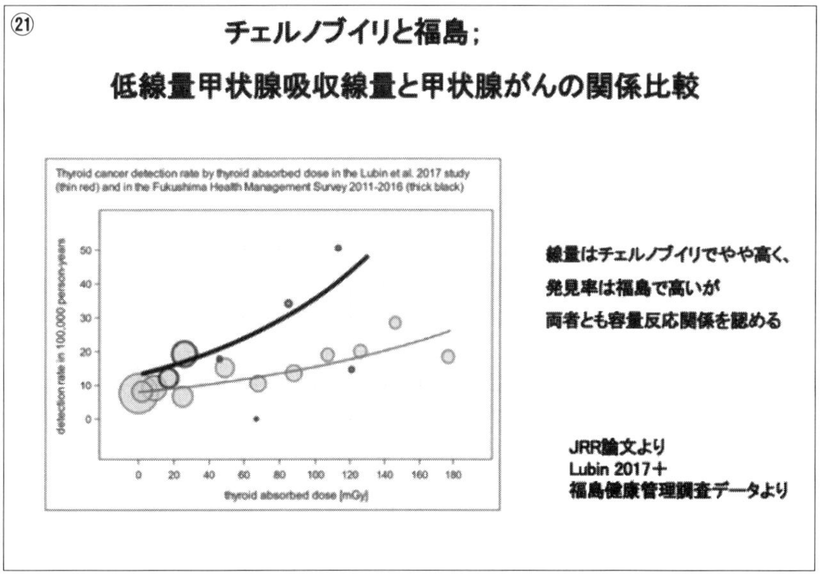

いう話になってきます。だんだん福島でも、当時５歳以下の人に、今１人、２人出てきていますよね。

もう一つ、非放射線地域のエコー検査で同じくらいの頻度で甲状腺がんが出ましたよという理由を述べています。これは、ウェイクフォード（Wakeford）さんというマンチェスターの先生で、WHOのこういう放射線関係の、福島の放射線に対する専門家集団の１人らしいです。そういう方が、津田先生の論文に対して批判を出しています。それは12年間、18年間経過で見たら、チェルノブイリの非常に重点的な高線量地域で、１万3000人にエコー検査をしたら112人がんが出ましたよという論文を引いて、エコー検査によって見つかったんだと主張しています。それに対して津田先生が、「いや、同じ比較をするのだったら、もっと低線量なチェルノブイリの地域で放射線の検査を４年間したら、４万7000人ぐらいをエコー検査をしたけれども１人も出なかったという論文を引用したほうがいいんじゃないですか」という形で批判していました。

「放射線由来の遺伝子異常がない」という理由も出しているのでびっくりしましたけれども、これは学術的にも全然認められていない。今まで見たことがないものを、UNSCEARは堂々と出しているわけです。

㉑が実際に、広島・長崎の原爆被爆のデータとか、エックス線の被ばくとかの論文と、ルービン（Lubin）さんという人が出した論文と、福島健康管理調査データを比べて、全面的にドイツのシェアブさんがつくったものです。線量はチェルノブイリでやや高いけど、福島のほうが発見率が高い。両者とも容量反応関係が認められるということです。

㉒

UNSCEAR2020Report中の図より
放射線外部被ばく線量とFHMSの甲状腺がんのRRの比較
(津田、加藤氏への批判)ー手前みそ論文による多数決？

Odds ratio estimates of relative risk (95% CI)[a]					
Reference group (lowest exposure)	Next higher exposure level	Next higher exposure level	Next higher exposure level	Next higher exposure level	Reference
1.00[b]	1.7 (0.81, 4.1)	1.5 (0.63, 4.0)			[T45]
1.00[b]	1.21 (0.80, 1.82)	1.08 (0.60, 1.96)			[W8]
1.00[c]	1.00 (0.67, 1.50)	1.49 (0.36, 6.23)			[O7]
1.00[d]	0.76 (0.43, 1.35)	0.24 (0.03, 1.74)			[O7]
1.00[e]	1.19 (0.58, 2.43)	1.21 (0.64, 2.3)	1.22 (0.55, 2.70)		[S52]
1.00[f] (a)	1.08 (0.58, 2.01)	1.05 (0.53, 2.09)	1.44 (0.75, 2.75)	0.95 (0.48, 1.88)	[O9]
1.00 (b)	0.55 (0.24, 1.26)	0.93 (0.45, 1.93)	0.73 (0.33, 1.60)	0.59 (0.24, 1.47)	
1.00[g,h]	1.03 (0.58, 1.83)	1.23 (0.68, 2.23)	1.31 (0.77, 2.23)		[K8]
1.00[i] (a)	1.02 (0.36, 2.86)	2.20 (0.82, 5.93)	2.32 (0.86, 6.24)	1.62 (0.59, 4.46)	
1.00 (b)	1.19 (0.32, 4.41)	2.24 (0.63, 8.03)	1.30 (0.32, 5.19)	0.91 (0.22, 3.80)	[O10]
1.00 (c)	0.81 (0.27, 2.46)	1.68 (0.57, 4.94)	1.92 (0.65, 5.67)	1.27 (0.42, 3.85)	
1.00[f] (a)	1.22 (0.43, 3.49)	1.12 (0.43, 2.95)	1.60 (0.59, 4.33)		[O12]
1.00 (b)	1.66 (0.47, 5.86)	0.54 (0.12, 2.45)	0.26 (0.03, 2.42)		

㉓

UNSCEARの私たちの論文に対する名指し批判

- 59市町村のセシウム沈着の違いだけに依拠している。避難やヨウ素沈着による違いを無視。 JRR MEXTの空間、土壌線量。131Iもあり。
- がんの確定と穿刺細胞診実施との間の放射線量依存性の交絡を無視（検証できるデータ開示なし）
- 個人線量の実質的変動を考慮していないため回帰分析の信頼区間が狭すぎ、「有意」という結果は慎重に検討を要する。

私たちの論文に対する名指し批判

そしてUNSCEARは、私たちの論文に対して名指しで批判しています（㉒）。

一つには、私たちがセシウム沈着の違いだけに依拠しているという批判です（㉓）。私たちは実際は

㉔

メディシン論文線量とCs137, I131土壌線量, 原発からの距離との相関

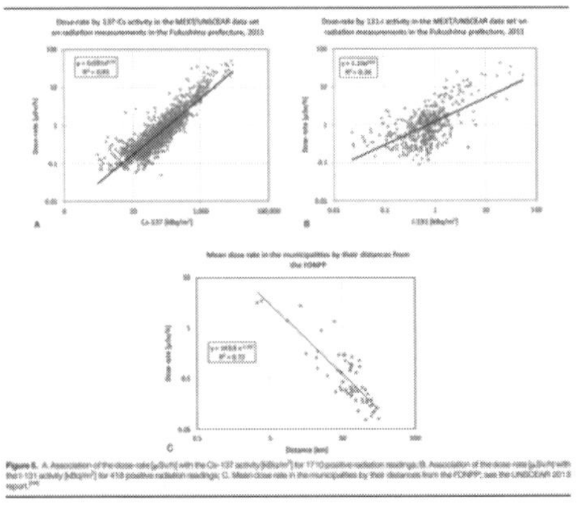

メディシン論文で、線量とセシウム137、ヨウ素131、原発からの距離とかも論じているんですが(㉔)。

２つ目は、「がんの確定と穿刺細胞診実施との間の放射線量依存性の交絡因子を無視している」という批判です。これは何回も出てくるんですけれども、福島医大のほうからきちんとしたデータを出していない。なので、私たちははっきりしたことが言えないんですけれども、そう言っています。

最後は「個人線量の実質的変動を考慮していないために、回帰分析の信頼区間が狭すぎ、『有意』という結果は慎重に検討する必要がある」と。理想的には、甲状腺がんに罹った人と罹っていない人の個人別の線量を測るのが一番ですが、そういう線量は誰も測定できないので、その中でできる限りのことをやっているわけなんですが。信頼区間の幅が狭いというのは、それだけ数が多いということを示しているのだと思います。

もう一つは、阪大の土岐先生という方の論文をUNSCEARは引用しているわけですけれども、土岐先生が「土壌のヨウ素131のレベルとは関係がなかった」と書いているところをUNSCEARは評価してというか引用しているんです。ところが、実はトキ先生は論文の最後で、一番後ろというのは何とでも一番言いたいことを書くんですけれども、「甲状腺がんと放射線の関係についての基本的な情報を示すことを期待している」と。「最近、空間線量と甲状腺がんについて、私どもと同じような結論を出した山本氏らの論文に注目している」とも書いています。論文の結論を捻じ曲げて引用したとしか考えられません。

ランセットに
私たちの研究が紹介された

『The Lancet（ランセット）』と非常に有名な医学誌で、2021年３月９日だったと思うのですが、「ワールド・レポート」に、バーニー（Burnie）とフェアリー（Fairlie）さんの論文の中に書いてあることを引用して、私たちの研究が紹介されました。福島原発事故と放射線がんとが関係しているという論文を書いていると紹介しています。容量反応関係は、いよいよチェルノブイリに続いて福島でも問題になってきているということなのだろうと思います。

まとめ

多発する福島の小児甲状腺がんと実効線量との関係を論じたメディシン投稿論文を紹介しました。実効線量率と甲状腺がん検出率の間で有意な容量反応の関係が認められたという論文が掲載されたということです。

論文作成過程での査読者とのやり取り、レター、私たちの論文に対する批判などを紹介しながら、福島甲状腺がんを巡る様々な論争点を紹介しました。

私たちの結論は、2011年６月の福島県の59市町村の平均線量率と、2011年10月から2016年３月までに発見された甲状腺がんの検出率とは、統計学的に明らかに有意な関係を示したことです。

これが重要な点であることは、UNSCEARが例外的なことですが私たちを名指し批判したことからも類推ができると思います。

今後は特に福島県外との比較も含めて、福島甲状腺がんの研究を続ける必要があると考えています。

原発安全論を斬る
再び原発事故を起こさせないために！

発行日　2022年５月15日
発　行　京都・市民放射能測定所
〒612-0066 京都市伏見区桃山羽柴長吉中町55-1コーポ桃山105
TEL/FAX　075-622-9870
E-mail　shimin_sokutei@yahoo.co.jp
H　P　http://nukecheck.namaste.jp/
BLOG　https://crmskyoto.exblog.jp/
編　集　上野益徳、佐藤和利
イラスト　楠本寛子
助　成　こんどプロジェクト福島原発事故避難者支援活動助成金
印　刷　株式会社 耕文社
〒536-0016 大阪市城東区蒲生１丁目3-24
TEL　06-6933-5001

ISBN978-4-86377-075-1　C0036
（落丁・乱丁の場合は、お取替えいたします）